内容提要

S*ynopsis*

　　双金属复合管的服役效能不足是长期困扰工程界的技术难题，如何在产品研发、生产和工程应用层面统筹解决其中的技术与理论问题是一项重要研究课题。

　　本书内容以双金属复合管的关键力学机理与实际工程应用技术的密切联系为重点，从产品设计、制造加工、铺设安装及工程服役效能方面进行全面、系统的介绍，特别针对复合管结构的弹塑性力学响应、内衬薄壳的多级屈曲失稳演化及工程应对措施等重点内容逐一进行深入阐释。本书展示了双金属复合管在国内外的最新研究进展与发展前景，有助于我国在该领域工程技术水平的提升。

　　本书适合从事油气储运、海洋工程等领域的工程设计人员、施工人员、研究人员和管理人员使用，也可供高等院校相关专业师生参考。

F oreword

序

　　双金属复合管在深海资源开发中具有非常重要的地位。深海环境极其复杂,传统管道难以满足高温、高压和强腐蚀环境下的安全可靠性。双金属复合管具有高强度、高耐腐蚀性等优异特性,能够适应深海环境的极端条件,为深海资源开发提供可靠的技术保障。在全球能源体系变革的大背景下,采用双金属复合管已逐渐成为深海资源开发的重要技术手段,具有很高的应用价值。

　　由于对产品设计、制造工艺以及安装运维措施等方面把握不足,在一些工程应用中双金属复合管出现了内衬分离、屈曲塌陷破坏等服役效能不足的问题,这已成为影响其安全性的主要瓶颈难题。与国际先进水平相比,我国虽然积累了一些技术和工程经验,但目前存在研发、生产与工程应用严重脱节的局面,一定程度上延滞了双金属复合管在我国的发展和应用。开展双金属复合管的基础理论研究对于明确复杂失效现象背后的机理问题,进一步优化升级高性能复合管产品,帮助提出更合理、更有效的铺设施工工艺以及运维防控措施,都具有重要意义。

　　袁林教授在双金属复合管方面具有丰富的研究经验。在美国留学期间,他师从世界力学与海洋工程领域的顶级学者、美国工程院院士 Kyriakides 教授,在博士阶段就开始了双金属复合管力学理论的研究,在结构稳定性方面取得了许多重要的理论研究成果。毕业后,他进入了美国工业界工作,通过与行业内外的合作,开展了大量的科研和工程实践工作。回国后,他继续开展了对双金属复合管的系统研究,取得了一系列代表性的研究成果。目前,袁林教授已初步建立了有关双金属复合管的基本理论体系,解决了设计制造与铺设安装中的关键理论瓶颈问题,研究成果受到了国际工程界的广泛关注与采纳,已被编入业内技术标准。此外,他还获得了包括 OMAE 最佳论文奖在内的多项荣誉,并被国际海洋、离岸及极地工程协会(OOAE)副主席 Theodoro 教授评价为"对管道与立管的技术发展具有极其重要的推动作用"。不过目前,该问题仍然是行业内的热点课题,还有很多需要深入研究的问题,需要不断提高其应用性和可靠性。希望袁林教授能继续对该方面开展深入的研究,不断加深对该问题的理解,为行业的发展做出新的贡献。

　　该书囊括了袁林教授与 Kyriakides 院士合作的部分工作以及回国后取得的系列研

究进展,既总结了双金属复合管的产业背景和技术发展现状,又详细介绍了在设计制造及工程应用中复杂失效问题背后的力学机理,对内衬失稳防控理论和技术措施等方面也进行了系统阐述,是国内第一部全面介绍双金属复合管设计制造和屈曲失稳基础理论研究的专著,具有较高的学术水平和应用价值。该书思路清晰、条理清楚、特色鲜明,强调理论与实际工程的紧密结合,这对海底管道力学理论和相关工程技术的发展都具有积极的借鉴作用。

段梦兰

2023 年 2 月

前　言

双金属复合管是一种高性能异质金属复合管道材料,由外管和内衬管通过塑性成形等方法复合而成。外管一般用于承载外部载荷,而内衬则可以根据特殊功能需求选择不同材料,如抗腐蚀、抗磨损、抗冲击、高热传导性、高导电性及高磁性等材料,从而克服了单一材质综合性能不足的缺陷。凭借优异的产品性能和经济性优势,双金属复合管在石油天然气、化工、海洋、核电、航空航天等领域都有成功应用。在我国双金属复合管产品从无到有的 20 余年里,复合管的生产制造及工程应用方面成绩斐然。我国已经成为全球双金属复合管产能最大的国家,也是世界上复合管制造企业最多的国家,目前我国在役的复合管占全球在役管道的比例接近 50%。但是,由于对其产品设计、制造工艺及安装和运维措施等方面认识有限,实际应用中也出现了内衬分离、屈曲塌陷破坏等效能不足问题,这已成为影响复合管安全性的主要问题,也在一定程度上使双金属复合管在我国的发展和应用产生了滞后。

认识到双金属复合管在多个工业领域的重要性及对支持新兴产业和技术发展的潜在重要作用,作者在复合管的基础理论、试验和工程应用等方面开展了长期研究。本书既总结了作者近年在学术理论方面的一些研究成果,又结合其在国外工业界任职时所积累的国际工程项目经验,其中包括了与美国 Kyriakides 教授合作的部分研究成果以及回国后开展的研究工作,对机械结合双金属复合管在设计制造及工程应用中所需的复杂力学机理、内衬失稳防控理论和技术措施等进行了详细阐述,以期改变我国目前存在的研发、生产与工程应用严重脱节的局面。

本书首先对双金属复合管的产品发展历程和现有技术标准等方面进行介绍,并总结了深海复合管的铺设安装工艺现状;第 2 章从复合管的液压成形制造方面着手,介绍了复合成形基础力学理论与关键工艺参数的影响,并对产品设计和工艺优化提出了指导建议;第 3 章重点研究了弯曲作用下复合管的结构响应、内衬塑性分支失稳特性,以及非轴对称高阶屈曲模态的演变过程等内容;第 4 章与第 5 章分别就环焊缝和凹陷缺陷对复合管弯曲屈曲的强扰动影响进行研究;第 6 章则从试验和理论角度对轴压作用下复合管的褶皱和屈曲问题进行了阐述;第 7 章与第 8 章分别介绍了拉力和弯曲组合工况下及卷管过程中复合管的失稳与极限承载特性;第 9 章总结了与工程应用密切相关的主要研究结论,并对复合管的研究和技术发展方向进行了展望。本书的最后附有塑性力学基础理论和基于非线性环理论的管道弹塑性屈曲分析程序框架,可以帮助读者更好地理解相关力学理论的推导和计算方法。

在本书完稿之际,首先要感谢我的博士生导师、美国工程院院士、得克萨斯大学奥斯汀分校工程力学系 Stelios Kyriakides 教授,这些研究成果离不开他的指导和帮助。感谢浙江大学金伟良教授、龚顺风教授以及中国石油大学(北京)段梦兰教授,在我回国到天津大学开展学术研究之初,他们给予了许多好的建议,对我的研究工作提供了大力支持,特别要感谢段梦兰教授为本书作序;感谢包括西湖大学崔维成教授、西安向阳航天复合材料有限公司张燕飞总工程师在内的多位业内资深专家对本书的评阅建议与鼓励;感谢天津大学课题组的研究生赵昱、邵文钊、刘浩伟、周家胜、骆邱沙、刘政、张翔宇等,他们对本书专题进行了深入的研究,本书的内容也体现了他们的一部分研究成果。书中也引用了大量的参考文献,在此对所引用参考文献的作者表示谢意。

由于作者水平有限,书中的疏漏在所难免,敬请读者不吝赐教。

作 者

2023 年 2 月

C ontents

目 录

第 1 章

绪　论

　　管道的腐蚀问题普遍存在于不同工业领域,对管道结构的长期安全性构成了严重威胁。以石油和天然气领域为例,随着世界油气资源的勘探开发正在不断向环境条件更为苛刻的"深海、深层和非常规"演进[1],作为油气开发系统的重要组成部分,油气输运管道正面临越来越突出的腐蚀性问题(图1-1)。根据统计,腐蚀是造成我国海底管道失效破坏的主要原因,占比高达事故总量的 47%[2]。对于深水管道而言,由于受限于水下生产系统的处理工艺,运输油气中一般存在较高含量的 H_2S、CO_2[4-5]等腐蚀性物质,加上深海环境恶劣,导致管道运营过程中需要应对的失效问题更为棘手。

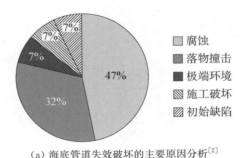

（a）海底管道失效破坏的主要原因分析[2]

（b）2021 年墨西哥湾海底管道腐蚀泄漏诱发火灾[3]

图 1-1 油气管道的腐蚀失效问题

　　输运腐蚀性介质管道的服役效能一直是业内高度关注的问题。在铺设安装及服役过程中,涉及多种载荷与应力、接触耦合、温度变化、腐蚀环境等复杂作用,管道的承载能力和安全可靠性将发生不同程度的退化。传统的管道材料难以同时满足经济性与安全性要求,这催生了一种新型管道材料,即耐腐蚀型双金属复合管,并凭借其优异的产品性能和经济优势,在近年来得到快速发展和应用。这种双金属复合管由普通碳钢管及内部耐腐蚀衬管(2~3 mm)组成,相较于其他同等类型管道,具有工艺简单、成本低廉等巨大优势。目前,其应用已遍及欧洲、美洲和亚洲等地区的关键陆地和深远海油气田[4-6],在实现卷管法铺设后大幅降本增效,近年来出现了持续增长的趋势(特别是海洋发达国家)。据有关统计,双金属复合管在我国陆地和海上的铺设累计总长度已接近 2 500 km[6-7],在南海番禺、流花和东海平黄等多个重要海洋油气区块得到应用,其中最大应用水深已达 1 500 m。

本书将围绕双金属复合管的制造及工程应用中遇到的关键力学问题而展开。除了在石油天然气领域,双金属复合管也广泛应用于化工、电力、热交换器及海水淡化等工业领域,是解决包括高腐蚀性、高磨损性介质输运在内的一种经济有效的方法。然而,在复合管的服役效能方面,当所受载荷较大时,由于内衬层相对薄弱,复合管容易出现内衬分离和过早屈曲塌陷的失效情况,而在该产品的早期应用过程中曾因对该问题把握不足而导致诸多问题,使得较长一段时间内我国的海洋工程等多个领域对双金属复合管的推广应用存在疑虑。另外,材料研究者往往对管道材料的组织成分、合成加工和基本物性要素比较熟悉,而忽视了工程应用中的服役效能问题,特别是在复合管材料研发阶段重视不够,也给这种新型材料的产业化带来了一些困惑与障碍。这其实也一定程度上造成了我国相关技术和装备与国际先进水平存在差距的不利现状。本书结合笔者对该问题的一些研究成果及在国外工业界任职时所参与的国际工程项目经验,抓住主导服役效能的关键因素——双金属复合管在安装和服役过程中的力学行为及其所涉的基础理论,对其内在的复杂力学机理性问题进行详细阐述,以期抛砖引玉,进而推动双金属复合管在我国多个工业领域的进一步推广和应用。

1.1 双金属复合管的产业背景

1.1.1 产品发展历程

双金属复合管从本质上讲,属于高性能异质金属复合材料。早在工业和信息化部发布的《新材料产业"十二五"发展规划》和《新材料产业"十二五"重点产品目录》中就将此类高性能复合材料作为研发的重点之一。它能够克服单一材质材料综合性能不足和耗费自然资源等缺陷,是推动材料工业升级换代以及支持新兴产业、技术发展的重要基础[8]。作为应用于不同工业领域的新型材料,内衬可以根据特殊功能需求进行选择,如抗腐蚀、抗磨损、抗冲击、高强度、高热传导性、高导电性、高磁性等,并将其开发为油井管、锅炉管、热交换器用管、耐热耐腐蚀管及耐磨管等。因此,在石油化工、电器、军工、航空航天、核电、船舶、机械等行业,双金属复合管都具有广阔的应用前景[9]。

据报道,苏联在 20 世纪 60 年代就可以批量生产各种高性能双金属复合管,并将其应用于动力、机械和造船等工业领域。日本住友金属在 20 世纪 70 年代也开始研究双金属复合管材料的制造工艺,并利用常规制管设备生产了不同规格的不锈钢复合管[10]。我国在同时期也开始了复合管的相关研究和研发工作,比较有代表性的是鞍钢铸管厂在 1973 年成功生产了总长超过 3 000 m 的球铁-白口铁复合管,其在煤矿生产中得到了良好的应用效果[11]。世界上第一个双金属复合管产品是德国的 Butting 公司在 1994 年推出的,而在国内,西安向阳航天复合材料有限公司也于 2000 年在国内推出了该种类型产品,并于当年在制药领域取得应用。此外,奥地利的 Voestalpine 及英国的 Proclad 等都在双金属复合管的生产制造方面颇具盛名。截至目前,Butting 公司生产的 BUBI® 机械复合管已有 1 500 km 的累积业绩。2019 年,该公司推出了新型胶结型机械复合管 GLUEBI®,并获得了挪威船级社(Det Norske Veritas,DNV)认证(详见 DNVGL - RP - A203)。据称,这种新型复合管能够解决卷管铺设过程中的内衬失效问题,在 2022 年挪威的 Akerbp Hod 项目中得到世界首次应用。

值得一提的是,从我国第一个双金属复合管产品问世,20 余年过去了,目前在这个领域国内已经取得了多个第一。其中包括,中国是全球双金属复合管产能最大的国家,也是世界上双金属复合管制造企业最多的国家。根据调研,全球通过 API 5LD 认证的 13 家企业中,中国就占到了一半以上。另外,中国是目前世界上生产双金属复合管口径最大的国家,最大可以生产 1.2 m 直径的双金属复合管。在复合管的实际工程用量方面,中国是复合管使用量最大的国家,目前中国在役的双金属复合管占全球在役管道的比例接近 50%。此外,中国也是双金属复合管使用领域最广的国家,除了应用在石油天然气领域外,还涉及炼化、发电、制药、海水淡化、纯净水输送等行业。近几年,国际知名的石油公司和石油工程公司都将未来的双金属复合管采购重点放在了中国,如沙特阿拉伯国家石油公司、法国能源企业 Technip、英国 Subsea 7 公司等都和中国的双金属复合管企业做过深入的交流和考察。

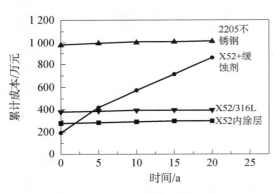

图 1 - 2 双金属复合管与其他防腐措施的经济性对比曲线[5]

在双金属复合管的经济性指标方面,文献[5]中详细计算了 4 种主要的海洋油气输送管道的腐蚀控制措施。经过对比发现(图 1 - 2):采用"碳钢+缓蚀剂"防腐方案在不到 5 年的时间里使用成本即超过双金属复合管;双相不锈钢前期成本最高,尽管后期维护成本较少,但总成本还是较高;双金属复合管尽管前期比"碳钢+缓蚀剂"和内涂层管材成本要高,但后期维护费用较少,而且具有较高的安全可靠性,相对于其他 3 种防腐方案最终投入费用更少。正因如此,其应用可见于全球重要陆地和海上油气田项目,表 1 - 1 中罗列了国内外一些代表性项目案例。

表 1 - 1 代表性双金属复合管海洋工程应用项目[5]

序号	年份	项目名称	规格/mm	工程用量	材质
1	1990	Indian Oil	168×(5+2)	61 t	X52/316L
2	1993	Shell/Malaysia	998×(36+3)	60 t	X52/MONE1400
3	1994	BP/Brown & Root	273×(9+3)	550 t	X65/316L
4	1994	Mobile Oil/USA	114×(9+2.5)	219 t	X65/Alloy 825
5	1995	Rockwater	273×(14+3)	1 365 t	X65/Alloy 825
		Brown & Root	168×(9+3)	570 t	

（续　表）

序号	年份	项目名称	规格/mm	工程用量	材质
6	1996	Clyde Petroleum/NL	273×(9+2.5)	4 660 t	X52/316L
7	1996	Mobile Oil/USA	114×(11+3)	350 t	X65/Alloy 825
8	1996	Rockwater/GB	262×(14+2.5)	540 t	X65/Alloy 825
9	1997	BP/Kvaerner Oil	457×(22+2.5)	540 t	X65/Alloy 825
10	1998	Nam/NL	406×(11+2.5)	1 028 t	X65/316L
11	1998	Mobile Oil/GB	219×(13+2.5)	2 439 t	X65/316L
12	1999	Burlington Resources/USA	219×(10+2.5)	248 t	X65/Alloy 825
13	2000	Mobil/GB Rockwater	355×(22+2.5) 219×(14+2.5)	4 409 t	X65/316L
14	2001	Shell/Malaysia	219×(13+2.5)	121 t	X65/316L
15	2003	FAI/Italy	168×(6+2)	750 t	X65/316L
16	2005	Statoil/Iran	168×(10+2.5)	3 980 t	X65/INCO625
17	2012	崖城 13-4	219.1×(14+3)	22 km	X65/316L
18	2013	番禺 35-1/35-2	168×(12.7+3) 273×(15.9+3)	55 km	X65/316L
19	2013	平黄 HY1-1	219.1×(11+3)	19 km	X65/316L
20	2014	平黄 HY1-2	219.1×(12.7+3)	8.3 km	X65/316L
21	2022	Akerbp Hod	323.9×(15.9+3)	11.5 km	X65/316L

1.1.2　相关技术标准研究

第一版双金属复合管规范是由美国石油协会（American Petroleum Institute，API）制定的，即《内覆或衬里耐腐蚀合金复合钢管规范》，全称为 *Specification for CRA Clad or Lined Steel Pipe*（API SPEC 5LD—1996）。而后，该规范分别在 1998 年、2009 年和 2015 年陆续修订为目前的第四版 API SPEC 5LD—2015。除此之外，DNV 也在 1996 年出版了相关规范要求，其中《海底管线系统规范》（DNV OS F101—1996）已经升级为 DNV ST F101—2021，在双金属复合管材料选择、加工制造及产品接收检验等方面都给出了较为详细的说明与要求。

与国外相比，我国在双金属复合管的相关标准制定方面较晚。2005 年制定的《内覆或衬里耐腐蚀合金复合钢管规范》（SY/T 6623—2005）是我国第一部有关双金属复合管的标准，它与 API SPEC 5LD—1998 基本对等，编制单位为中国石油集团石油管工程技术研究院和西安向阳航天复合材料有限公司。而后发布的 SY/T 6623—2012 等同于 API SPEC 5LD—2009 版本，最近发布的 SY/T 6623—2018 为 API SPEC 5LD—2015 的修改版。

除此以外,中国石油集团石油管工程技术研究院、中国石油集团工程设计有限责任公司西南分公司及成都贝根管道有限责任公司于 2012 年联合起草了行业标准《含 H_2S/CO_2 天然气田集输管网用双金属复合管》(SY/T 6855—2012)。该行业标准是在 SY/T 6623—2012 和 API SPEC 5LD—2009 的基础上完成的,标准中详细规定了石油和天然气行业输送用含 H_2S/CO_2 天然气介质双金属复合管的材料选择、制造工艺、试验流程、检验标准及相关要求。另外,包括《油气田地面工程防腐保温设计规范 第 8 部分:双金属复合管选用》(Q/SY 06018.8—2016)在内的系列相关企业标准也在 2016 年相继发布。在国家标准方面,2018 年发布实施的《石油天然气工业用耐腐蚀合金复合弯管》(GB/T 35067—2018)和《石油天然气工业用耐腐蚀合金复合管件》(GB/T 35072—2018),以及 2020 年实施的《石油天然气工业用内覆或衬里耐腐蚀合金复合钢管》(GB/T 37701—2019)也相继面世,为我国双金属复合管产业和应用的规范化提供了有力保障。

1.2   双金属复合管的分类

双金属复合管的分类依据相对较多,导致对其分类标准和对应名称仍不统一。目前,工业界接受度比较高的分类方法是基于其界面结合形式确定的。例如,在美国石油学会 *Specification for CRA Clad or Lined Steel Pipe*(API SPEC 5LD—2015)[12]标准中,将双金属复合管分为冶金结合复合管和机械结合复合管。前者是将内衬金属通过热轧或堆焊等方式复合到外管内壁或基板上,从而形成原子扩散结合的界面;后者一般为通过机械加工、扩径或加热等方法,实现内衬管与外管机械式贴合,这种机械结合或接触一般达不到冶金复合管的冶金界面强结合性能。本节主要针对该分类标准下的 8 种典型双金属复合管产品进行介绍,并概述其制造工艺的特点及优缺点。

1.2.1   机械结合复合管

1.2.1.1   液压成形复合管

液压成形复合管,顾名思义,是利用液压强制内衬管和外部外管发生径向膨胀形变从而实现贴合的复合管。这种加工方法是最早发明的复合管制造工艺之一,工艺发展相对更为成熟,产品质量和稳定性也较高,本书的主要内容也是围绕此类机械结合复合管而展开的。

复合管的基本成形过程如图 1-3 所示。首先将内衬和外管清洗、干燥后进行装配,一般还需要在端部进行简单密封处理,然后利用水压机对内衬施加内压。在不断增加的内压作用下,内衬首先发生膨胀并很快进入塑性变形阶段。当两管之间的间隙消失后,内衬与外管接触。继续施加内压,两管将同时发生径向形变。当达到设计变形或压力标准后,进行卸载。由于内、外管回弹量不同,两管会产生残余变形和残余接触应力,实现内、外管的紧密贴合。值得说明的是,当内、外管接触后,内衬管已经进入塑性应力状态,后续施加的内压幅值随生产商不同而稍有差异。当水压较小时,外管将保持在弹性变形范围内,但也有包括德国 Butting 公司在内的生产企业会将外管加载到塑性变形阶段。

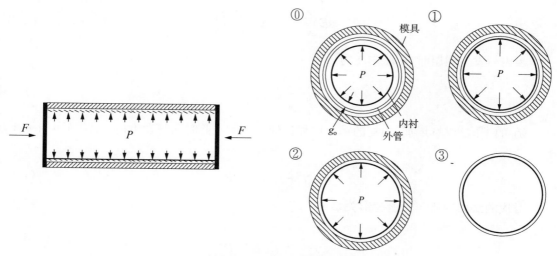

图 1-3　液压成形复合管的主要步骤[13]

　　有关复合管的液压成形力学机理和分析已有较多研究,如张燕飞、王学生、曾德智等都曾发表多篇文章对这些问题进行梳理和分析,主要是从弹性力学角度对厚壁筒管道力学模型进行推导[13-64]。为简明起见,本节首先利用简单的一维力学模型来对液压复合工艺的力学机理进行解释[13]。

　　模型假设内、外管均为理想弹塑性材料,两管的几何尺寸如图 1-4 所示,其中内衬管和外管的中面半径和厚度分别为 $\{R_L, t_L\}$ 和 $\{R, t\}$。为方便理论推导,设两管的弹性模量、屈服应力和厚度分别为 $\{\beta E, \gamma\sigma_{op}, \zeta t\}$ 和 $\{E, \sigma_{op}, t\}$,考虑到实际材料组合情况,此处 $\{\beta, \gamma, \zeta\} < 1$。在液压膨胀第一阶段,内衬管独自发生变形,其环向应力满足如下力学平衡关系:

$$\sigma_{\theta L}\zeta t = PR_L \tag{1-1}$$

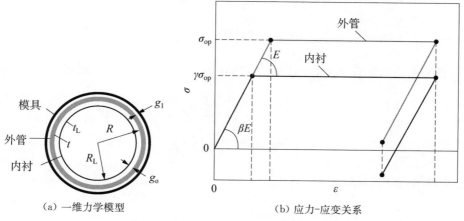

（a）一维力学模型　　　　　　　（b）应力-应变关系

图 1-4　液压复合成形的简化力学模型

当内衬仍在弹性范围内时,膨胀内压与内衬的变形关系为

$$P = \beta E \frac{\zeta t}{R_L} \varepsilon_{\theta L} = \beta E \frac{\zeta t}{R_L} \left(\frac{w}{R_L} \right) \tag{1-2}$$

当内衬发生屈服时,膨胀内压为

$$P_{oL} = \gamma \sigma_{op} \zeta \frac{t}{R_L} \tag{1-3}$$

随着内压的继续增加,内衬的径向位移达到 $w = g$。此时两管发生接触,则环向的平衡方程为

$$\sigma_{\theta L} \zeta t + \sigma_{\theta C} t = PR \tag{1-4}$$

对应的膨胀内压与管道变形关系为

$$P = \zeta \gamma \sigma_{op} \frac{t}{R} + E \frac{t}{R} \varepsilon_{\theta} \tag{1-5}$$

如果在外管达到屈服前就开始卸载,可以推导得到两管间的残余接触压强与最大膨胀压力的关系为

$$P_{con} = \frac{\zeta \beta}{\zeta \beta + 1} P - \zeta \gamma \sigma_{op} \left(\frac{t}{R} \right) \tag{1-6}$$

因此,从上式可以得到能够使得复合管产生接触压强的最小膨胀内压为

$$P_{cr} = \frac{(\zeta \beta + 1) \gamma}{\beta} \sigma_{op} \left(\frac{t}{R} \right) \tag{1-7}$$

与之相对应的环向应变为

$$\varepsilon_{\theta cr} = \frac{\gamma \sigma_{op}}{\beta E} = \varepsilon_{oL} \tag{1-8}$$

若继续施加内压,外管发生屈服。此时,膨胀内压达到最大值:

$$P_{oC} = \sigma_{op} (\zeta \gamma + 1) \frac{t}{R} \tag{1-9}$$

随后,两管都进入塑性状态。当卸载后,内衬和外管的残余应力分别为

$$\begin{cases} \sigma_{\theta C} = \dfrac{\zeta (\beta - \gamma)}{\zeta \beta + 1} \sigma_{op} \\ \sigma_{\theta L} = -\dfrac{(\beta - \gamma)}{\zeta \beta + 1} \sigma_{op} \end{cases} \tag{1-10}$$

与之相对应的残余接触压强为

$$P_{con} = \zeta \sigma_{op} \left(\frac{\beta - \gamma}{\zeta \beta + 1} \right) \frac{t}{R} \tag{1-11}$$

液压复合成形方法由于其复合工艺简单、均匀性好、产品性能稳定而备受青睐,在海洋和陆地油气田集输管道工程中得到较多应用,其中就包括具有标志性意义的巴西国家石油桑托

斯盆地项目,它实现了世界首次卷管法铺设机械结合型复合管,也代表着相关海工装备与铺设技术发展进入新的阶段。但这种成形工艺也存在界面结合力相对不高、当载荷较大时易发生内衬分离的缺点。为解决该问题,近年又出现了以胶结型复合管为代表的改良型液压成形复合管,目前已在国外海洋工程项目实现成功应用。

1.2.1.2 爆燃成形复合管

爆燃成形复合管从本质上讲,也属于液压成形复合管,但用来胀形的液压力并非来自水压机,而是利用集束炸药瞬间释放的爆炸冲击波引起管内水压强迅速增大,以水作为传压介质,推动内衬和外管共同发生径向膨胀扩张。在水压消失后,由于两管的回弹量不同,可以使外管和内衬管紧密贴合。

该成形工艺的复合效率高、加工时间短,一般爆炸在毫秒级时间内完成,冲击波作用下内衬迅速扩张,内衬对外管的冲击速度可达到 $20 \, \mathrm{m/s}$,甚至更高,这种冲击效应可使管间界面形成较高压应力而实现复合。但加工中对爆炸技术和精确测控水平有一定要求。另外,外管与内衬的结合强度总体而言仍较低。

1.2.1.3 机械扩径复合管

机械扩径复合管是采用步进式扩展的方式对外管和内衬管进行复合的加工方法。这种扩径方式与直缝埋弧焊钢管的扩径加工方法类似,可以直接采用机械扩径装置进行生产,这与其他加工方法相比具有较大的经济优势。

机械扩径加工复合方法也属于机械结合类型,其主要的加工工艺如下:首先,将外管和内衬装配好,然后将扩径装置插入复合管坯内腔,再利用扩径头以步进方式对内衬和外管施加接触压力,按照预先设定的扩径量使局部管段发生弹塑性变形。当卸载后再继续沿管道长度方向依次扩径,直至完成整体管道的扩径加工。

这种加工方法的主要优点包括:可以直接利用钢管扩径装置和工装完成复合加工,另外在机械自动化和控制方面具有较大优势,可以对扩径量进行精确控制,但扩径头的模具尺寸对于加工大直径复合管来说仍存在一定限制。

1.2.1.4 机械旋压复合管

机械旋压复合的基本原理是通过芯轴高速转动,带动滚动体步进式径向挤压内衬,内衬管发生塑性形变后与外管共同变形。当完全卸载后,两管发生不同程度的回弹,利用这种变形的差异可以实现外管均匀贴合在内衬管外表面,如图1-5所示。

从分类上讲,机械旋压复合管属于机械结合类型。这种成形工艺的主要优点为:成形工艺简单,尺寸可以精确控制,而且总体成形效率高,内衬层的厚度可以灵活控制,对于小批量和大规模生产都具有优势。但当加工较大管径的管道时,操作相对复杂,在加工中内衬管的表面也容易出现划伤破损等不利现象。另外,界面的结合强度相对不高,容易出现内衬分离现象。

1.2.1.5 热膨胀法复合管

采用热膨胀原理,实现复合内衬和外管的方法也属于机械结合类型。其基本原理为:在惰性气体的保护环境下,装配外管和内衬管并密封端部,利用感应加热对两管进行升温,由于耐腐蚀合金和碳钢的热膨胀系数存在差异,内衬管发生远大于外管的膨胀形变,并贴合外管发生塑性变形,外管一般控制在弹性范围内;当撤去热源后,外管发生的弹性回弹量大于衬管的回弹程度,形成残余变形和接触应力,从而实现内、外管的紧密贴合。

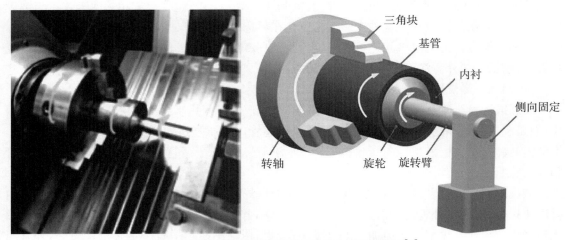

图 1-5　机械旋压工艺实现外管与内衬复合成形[14]

　　该复合工艺的整体制造方法较简单,而且设备成本也不大,但由于设计端部密封和感应加热容易受工序和密封等要求限制。此外,该成形方法的界面结合强度建立在热膨胀系数的差异性上,这对材料选择,尤其是对部分耐腐蚀合金的使用造成限制,同时加热也会对部分内衬金属的耐腐蚀性造成一定程度的不利影响。

1.2.2　冶金结合复合管

1.2.2.1　离心浇铸复合管

　　与离心铸造钢管相似,离心浇铸复合管的加工原理为:利用旋转铸型产生的离心力将高温液体状态下的耐腐蚀合金注入铸型,使液态金属充填在外管内壁,如图 1-6 所示。一般可采用分层浇铸实现内外层金属的熔合,从而保证内衬对外管的防腐耐磨作用。这种离心浇铸的复合管在分类上归为冶金结合复合管。

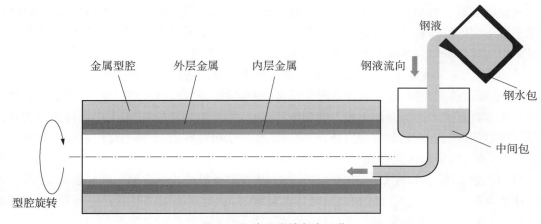

图 1-6　离心浇铸复合工艺

离心浇铸复合管工艺流程如图 1-7 所示。该工艺流程可简单概况为：①模具准备→②外管钢水冶炼→③离心浇铸→④进行除磷→⑤内壁润滑→⑥扩孔处理→⑦再次除磷→⑧内衬金属冶炼→⑨离心浇铸→⑩进行除磷→⑪矫直、切头→⑫热处理与表面处理→⑬水压测试→⑭外观检测→⑮无损检测→⑯理化性能检验等步骤。其中，外管和衬管的离心浇铸控制尤为重要，在离心转速和温度等方面都要严格控制。另外，后续的热处理对于保证产品的质量性能方面也起到关键作用。

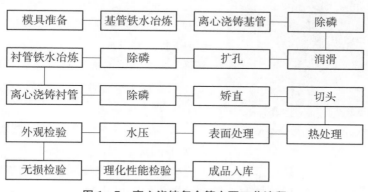

图 1-7 离心浇铸复合管主要工艺流程

离心铸造工艺的缺陷控制是该类型复合管的关键，一般常出现的制造缺陷包括管坯壁厚不均匀、基层裂纹等。该种工艺的优点比较突出，如金属组织一般较为致密，应力水平一般也较小。此外，其工艺整体简单，供选择的金属材料也较多。但是，其缺点也非常明显，包括内衬层易开裂、表面粗糙度高、尺寸稳定低及难以精确控制等（图 1-8）。另外，由于对缺陷控制要求较高，该工艺对转速和浇铸温度均有较多限制。

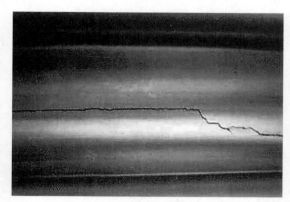
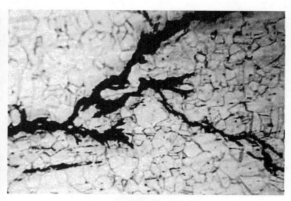

（a）内衬层易开裂　　　　　　　　　　　　　　（b）裂纹金相分析

图 1-8 离心浇铸复合管的主要问题[39-40]

1.2.2.2 堆焊复合管

与其他复合管不同，堆焊复合管采用电焊或气焊方式，在外管内壁敷设薄层内衬金属材料。该工艺通常被用来提高构件的服役寿命，是工件表面改性的常用焊接工艺，能够降本增效。堆焊复合管从分类上来讲,属于冶金结合复合管。

堆焊工艺在业内应用广泛,工艺技术都比较成熟。常用的堆焊方法包括气焊堆焊、钨极氩弧焊堆焊、埋弧焊堆焊、焊条电弧焊堆焊等[51]。由于具体应用文献较多,有关各方法的工艺特点及适用性不再赘述。

图1-9　外管内表面堆焊内衬耐腐蚀金属层示意

一般而言,堆焊复合管的制造工艺基本流程为[63]:①外管检测→②尺寸校核→③内壁处理→④进行堆焊→⑤外观检查→⑥无损检测→⑦水压测试→⑧无损检测→⑨进行酸洗→⑩理化检验→⑪耐腐蚀检测→⑫尺寸外观校核。经过上述加工流程,在碳钢管的内壁可以形成一层耐腐蚀合金保护层(图1-9),对外管的耐腐蚀性能和整体寿命都可以实现大幅提升。

堆焊复合管是一种经济简便的工艺方法,但兼具明显的优点和缺点。堆焊复合管的优点包括选材宽泛、堆焊界面强度高、产品稳定性好及工艺简单高效;主要缺点包括堆焊材料和设备的成本偏高、熔覆金属效率较低、焊缝易发生稀释及最小加工尺寸存在限制等问题。

1.2.2.3　热轧复合板焊接复合管

焊接冶金复合管是利用热轧工艺对复合板进行成形、焊接而成的双金属复合管,按照分类标准属于冶金结合。这种加工工艺与生产直缝焊管和螺旋焊管的制造流程类似,日本制钢所、德国Butting公司和EBK公司等生产商都有采用,有较多实际工程应用案例。这种由冶金复合板进行热轧成形的方法能够保证内、外管间结合强度,而且生产效率比较高。

热轧复合板焊接复合管的基本成形原理为:首先利用高温热轧方式将基板和耐腐蚀合金层加工成冶金复合板材,然后采用JCO成型或UOE成型(图1-10)等制管方法卷曲钢板,最后沿螺旋缝或直缝焊接形成复合管。值得注意的是,焊接是该工艺关键的一环,也是目前重要的科研方向之一,如何减少异种金属焊接带来的热应力和变形问题是该复合管制造过程中需要考虑的重要因素。

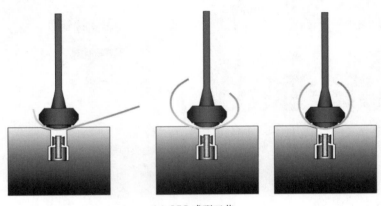

(a) JCO成型工艺

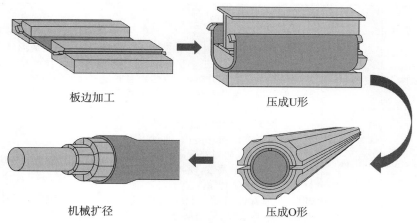

板边加工　　　　　　　　　压成U形

机械扩径　　　　　　　　　压成O形

（b）UOE 成型工艺[65]

图 1-10　常用钢板卷曲成型工艺

　　此种制造工艺的主要优点包括界面结合强度高、工艺简单、制造效率高及质量可靠性好。但该复合管制造方法对加工设备要求高，需要一次性投资较大，且在内外金属的选择范围方面受到匹配限制。

　　由上述分析可见，目前双金属复合管的制造技术已比较成熟，其中接受度比较高的机械结合复合管包括液压成形机械复合管、爆燃成形机械复合管和机械旋压复合管等；冶金结合复合管主要有堆焊冶金复合管和复合板焊接冶金复合管等。文献[63]对主要类型的复合管进行了详细梳理，本节摘取部分内容列于表 1-2 中。

表 1-2　双金属复合管分类、制造原理及优缺点[63]

序号	制造工艺	结合类型	制造原理	优缺点
1	液压成形复合管	机械结合	将衬管与外管经表面处理后装配，采用水压机加压至衬管塑性变形，外管发生弹性变形。卸压后，外管弹性回复大于衬管的弹性回复，内、外管紧密贴合	优点：复合工艺简单，逐渐加压成型，密闭长筒内各点压力相同 缺点：结合力较小，虽然各点压力均衡，但极易受到内衬层厚度和不规则程度影响，衬层较厚处基层与衬层可能出现不完全贴合情况，高温下易产生应力松弛而分层失效
2	爆燃成形复合管	机械结合	以爆轰波的形式通过水将压力传递给衬管，使衬管发生水压扩径塑性变形，外管发生弹性变形。爆轰后，外管回弹量远大于衬管，外管与衬管紧密贴合	优点：工艺简单，不受管径限制，生产效率高 缺点：外管与衬管结合强度较低，复合管变形难以控制
3	机械扩径复合管	机械结合	装配好的衬管和外管在扩径模具作用下，分步沿轴向逐步扩径，使衬管和外管都发生塑性变形再回弹，进而实现外管和衬管紧密配合	优点：容易实现机械自动化操作，并精确控制扩径量；易采用直缝埋弧焊接钢管扩径工装实现 缺点：由于扩径头模具尺寸原因，复合管尺寸受直径限制；投资较大

（续　表）

序号	制造工艺	结合类型	制造原理	优缺点
4	机械旋压复合管	机械结合	机械旋压法是将组合好的复合坯管旋转的同时,三个呈锥形的旋轮反方向旋转并推进,由此外层外管均匀地贴于衬管	优点:工艺简单,成形效率高 缺点:加工大管径复合管比较困难,且管层界面间的机械结合强度较低,易发生结合界面分离或脱落等现象
5	热膨胀法机械复合管	机械结合	将装配好的外管和合金管放置在惰性气体保护环境内,通过感应加热方法,利用外管和合金管不同的热膨胀系数,使衬管塑性变形,外管发生弹性变形,冷却后,外管弹性回复大于衬管的弹性回复,内、外管紧密贴合	优点:工艺较简单,结合力较强,外管感应加热 缺点:耐腐蚀合金的受热膨胀系数影响较大,部分耐腐蚀合金不适用于内管。温度的改变影响部分耐腐蚀合金的耐腐蚀性
6	离心浇铸复合管	冶金结合	利用离心作用,分层浇铸不同成分的金属液,将内外金属的熔合层控制在一定厚度范围内,形成完全的冶金复合管	优点:组织致密、晶型细小、过渡层较宽、应力较小、夹杂物含量少。工艺较为简单,离心浇注管材类型较广 缺点:铸件易产生偏析,铸件表面较为粗糙,内表面尺寸不容易控制等。对涂料、管模转速、浇注温度要求较高
7	堆焊复合管	冶金结合	堆焊是采用熔焊、热喷涂、喷熔等方法,将满足性能要求的金属熔化(耐腐蚀合金层),并使其在工件表面堆敷的工艺过程	优点:堆焊层结合强度高、残余应力小、表面质量优良、成材率高、工艺流程短 缺点:成本高、效率低、易稀释、难以堆焊小口径复合管
8	热轧复合板焊接复合管	冶金结合	利用三明治式工艺,将装配好的合金层、基板经过高温热轧、冷却等工序,得到热轧冶金复合板,再经过 JCOE 或 UOE 等制管工艺制造成复合管	优点:结合强度高,工艺简单,生产效率高、质量好,可大幅降低金属材料的损耗 缺点:一次性投资大,材料选择范围小,温度升高对材料性能有一定影响

1.3　双金属复合管的焊接工艺

　　双金属复合管的焊接属于异种金属焊接,是复合管安装铺设过程中最关键的环节之一,焊接工艺和质量直接决定了复合管长期服役的安全性与可靠性。由于涉及内衬耐腐蚀合金和外部碳钢两种材料,焊接不当会导致两种金属都暴露于腐蚀性介质中,将出现较严重的快速电化学反应,极易造成管道的腐蚀穿孔与泄漏(图 1-11),甚至导致灾难性的爆炸与火灾[66]。

　　据调研,国内关于封焊和环焊技术的研究和应用较多,如中石油塔里木油田迪那 2 气田、大涝坝凝析气田和克深 2 气田等项目;国外在这方面的公开研究文献相对较少。值得指出的是,如果焊接环境和焊接工艺控制不当,则容易出现焊接缺陷和热应力过大等问题,造成封焊和过渡焊的焊接缺陷及焊缝稀释等问题难以控制[67]。

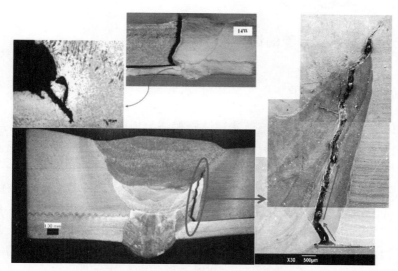

图 1-11　某陆地项目中双金属复合管环焊焊接问题示意

德国复合管生产商 Butting 公司是国际上较早从事复合管施工焊接技术的企业,在管端封焊或堆焊的技术方面比较成熟。《内覆或衬里耐腐蚀合金复合管规范》(API 5LD—2015)对双金属机械复合管管端堆焊进行了说明。如图 1-12 所示,将管端 50 mm 的内衬金属层去除后,采用一种焊接材料同时对内衬和外管进行堆焊。这种方法可有效避免稀释和过渡等问题,保证了焊缝质量的可靠性。这种焊接方式是目前接受度比较高的复合管焊接方法,近年来在国内也得到不断研究和推广应用,而且在国外多个复合管的海洋油气项目中得到采用,效果较好。

图 1-12　双金属复合管环焊焊接示意[68]

目前,有关双金属复合管的环焊缺陷工程临界评估(ECA)仍是该领域研究的热点问题。由于焊接接头的各区域组织构成和形态差异都较大,焊缝区可能存在高密度的位错现象,三相区的疲劳强度、断裂性能和焊缝缺陷尺寸容限等问题仍有待系统分析与研究。2020 年,英国焊接研究所 TWI 启动了有关双金属复合管的工业联合项目"State-of-the-Art Review of the Assessment Qualification and Use of Mechanically Lined Pipes"[69],以期为机械结合复合管的焊接提供更安全可靠的工艺与技术。另外,双金属复合管的焊接缺陷检测、评估及修复目前仍存在较大理论与技术挑战,需要进一步研究。

1.4 海洋用双金属复合管的铺设

1.4.1 海底管道铺设方法

海底管道的铺设施工主要采用拖航法和铺管船法。拖航法主要可以分为浮拖法、离底拖法和底拖法。由于施工简便,在我国近岸和浅水海域管道铺设工程中受到广泛应用。铺管船法可分为 S 型铺管法、J 型铺管法和卷管式铺管法[70]。

S 型铺管法是目前最为常用的海底管道铺设方法,适用于不同水深的铺管作业,管道在托管架的支撑下,自然地弯曲成 S 型曲线,如图 1-13 所示。在这种铺管方法中一般分为两个区域:一段为拱弯区,从铺管船甲板上的张紧器开始,沿托管架向下延伸到反弯点;另一段为垂弯区,是从反弯点到海床着地点的一段区域。管道在垂弯区的曲率可通过铺管船上张紧器对管道施加的张力来控制,管道在拱弯区的曲率和弯曲应力则一般依靠合适的滑道支撑和托管架的曲率来控制。托管架已从最初应用于浅水铺设的直线形发展成应用于深水铺设的曲线形、多节和铰接式。在墨西哥湾的 MC920 工程,Allseas 公司的 Solitaire 铺管船曾将 8 in 和 10 in 的管道铺设到水下 2750 m。该船总长为 300 m、排水量为 96 000 t,载重量可达 22 000 t,曾经在世界范围内完成了一系列海底管道的铺设项目。

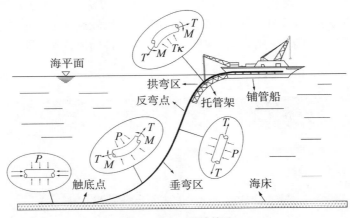

图 1-13 S 型铺管法

J 型铺管法是最适合于深水和超深水海域铺设管道的方法,如图 1-14 所示。不过,由于 J 型铺管法的铺管速度较慢,所有操作都在垂直方向完成,稳定性是个难题。这种铺管法实质上是张力铺管法中的一种,在铺设过程中调节铺管船上塔架的倾角和管道承受的张力来改善管道的受力状态,达到安全作业的目的。2006 年,Shell 公司采用 J 型铺管法在 Great White 油田铺设的管道深度已达到 2 900 m。到目前为止,国际上已经进行了不少用 J 型铺管法铺设的海底管道工程,尤其是在墨西哥湾的深海区,J 型铺管法在油气开发过程中发挥了巨大的作用。

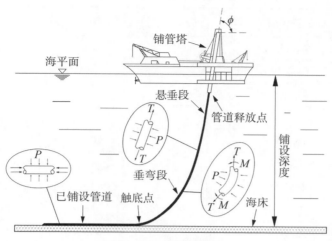

图 1-14 J 型铺管法

卷管式铺管法是一种相对新型的管道铺设方法,如图 1-15 所示。这种方法首先在陆地上将管道逐段焊接、检测并涂装,然后卷曲到滚筒上,之后由铺管船到达指定海域进行铺设[72]。关于卷管式铺管的方法最早可追溯到第二次世界大战末期的英吉利海峡燃料输送工程项目,虽然限于工艺并未进行校直反弯,但仍取得了较好的效果。由于铺设效率高和巨大的经济优势,其相关装备与技术在战后得到了迅速发展。

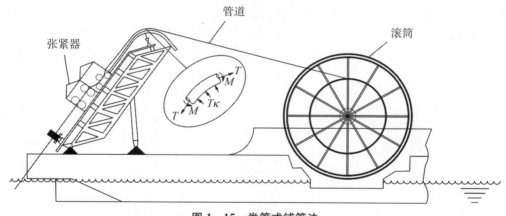

图 1-15 卷管式铺管法

卷管铺设的滚筒一般分为水平式和垂直式两种,各有优缺点。水平式滚筒可以保持较低的重心,在保证安全性的同时可以运载更多的管道,但占用甲板的空间较大,且相关制造工艺比竖直型的要求更高。对于竖直式放置的滚筒而言,其重心要更高,但控制管道在铺设过程中的受力更简便。当采用卷管式铺管法进行铺设时,管道在绕滚筒卷绕过程中会受到轴向拉力的作用。滚筒与管道之间的接触可以视为刚性面接触,此时管道受到滚筒接触弯曲及轴向拉力的组合作用。全球著名在役卷管船及关键铺设参数见表 1-3。

表 1 - 3　全球著名在役卷管船及关键铺设参数

所属企业	铺管船	卷筒直径/m	管径范围/in	卷筒能力/t	最大拉力/t
Technip	Apache II	16.5	4～16	2 000	197
	Deep Blue	19.5	4～18	5 600	550
	Deep Energy	21.0	4～20	5 600	450
Subsea 7	Seven Navica	15.0	2～16	2 200	205
	Seven Oceans	18.0	6～16	3 500	450
	Seven Vega	21.0	4～20	5 600	600
Mcdermott	No. 105	16.5	4～16	2 500	400
Helix	Express	15 & 16.8	2～14	3 000	160
	Interpid	12.2	3.5～10	1 550	120
Heerema	Aegir	16.0	4～16	4 000	800
Saipem	Lewek Constellation	—	—	—	800
Coes	Shen DA(建造中)	18.0	4～18	4 000	550

1.4.2　双金属复合管铺设工艺

对于双金属复合管而言,铺设工艺是其工程设计最为重要的环节[71]。无论是采用传统的 S 型铺管法、卷管铺设法,还是成本较高的 J 型铺管法,海底管道都要经受轴向拉力、弯曲和外力等载荷的组合作用,如拉力和弯曲组合作用的两种类型,如图 1 - 16 和图 1 - 17 所示。同

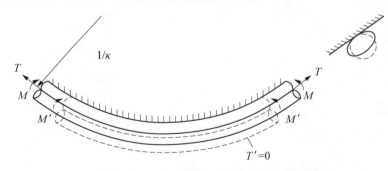

图 1 - 16　轴向拉力与刚面接触弯曲组合作用[70]

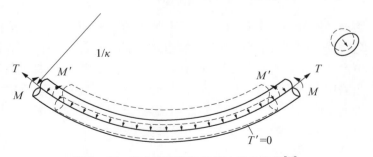

图 1 - 17　自由弯曲和轴向拉力组合作用[70]

时,材料非线性和几何非线性的存在使得管道受力变得更为复杂。双金属复合管由于其特殊工艺与结构特点在深海铺设过程中极易发生如图1-18所示的内衬的褶皱。当局部褶皱发展到一定程度会产生塌陷失稳,进而使得管道结构发生失效而丧失正常运营与承载能力,由此将造成巨大的经济损失。

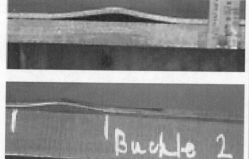
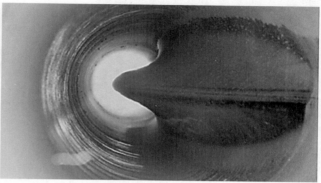

图1-18 内衬管发生褶皱与塌陷[73,75]

双金属复合管的内衬塌陷屈曲问题曾一度困扰工程界和学术界。虽然增加内衬壁厚可以有效提高管道抵抗屈曲变形的能力,但是复合管道的铺设还涉及成本问题,即增加耐腐蚀合金层的壁厚将大幅增加材料支出成本。因此,单凭增加内衬的壁厚去解决管道屈曲问题显得太为保守,在大多数情况下其经济性也是不可行的。为解决该难题,国外多家大型企业先后启动了一系列联合专题项目,参与方包括复合管道生产商、油服企业、石油公司及大学和科研机构,共同开展试验和模拟研究(图1-19)。其中比较有代表性的工作包括:法国Technip公司在Norne Satellite项目进行了卷管试验工作,并尝试铺设了日本JSW生产的双金属复合管;英国Subsea 7公司联合德国Butting公司等多家单位对三种衬管材料(316L、Alloy 625和Alloy 825)配合X65外管材料的复合管完成了模拟卷曲与疲劳试验。经过相关理论及技术装备的进一步研发后,在巴西国家石油Gura Lula ne项目中实现了世界首次卷管铺设机械复合管(图1-20和图1-21)。

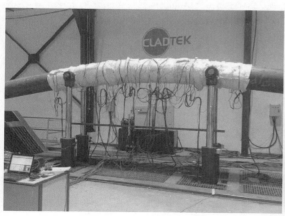

(a) 弯曲与卷管铺设模拟试验[73-74]

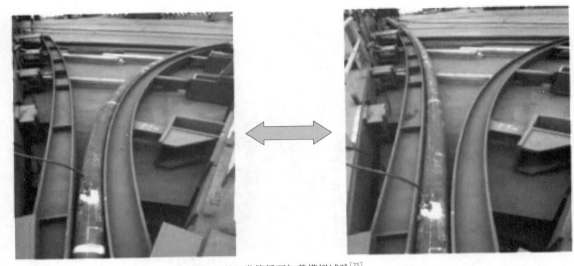

（b）卷管循环加载模拟试验[75]

图1-19   卷管铺设双金属复合管的模拟试验

图1-20   双金属复合管的卷管式铺管船

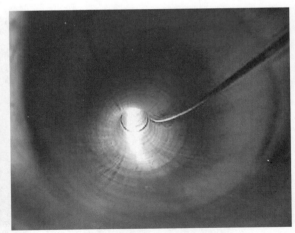

（a）卷管铺设过程中出现内衬塌陷   （b）施加同步内压抑制内衬屈曲失效

图1-21   卷管铺设双金属复合管遇到的内衬屈曲问题[73,75]

另一种解决复合管在高应变或卷管铺设中塌陷问题的方案是同步水压法[75]。简单来说，就是在向上卷曲或退卷的同时，利用一对可移动的"智能清管器"对弯曲段复合管逐段隔离并施加水压，一般压力会加到 30 个大气压左右。当管道与卷筒接触稳定后，再对下一管段加压，直至整条管线完成卷管或退卷。实践证明，这种方法能够有效解决褶皱和塌陷问题。但是，这种同步加压的方法也对铺设效率产生影响，一定程度上也增加了管道的铺设成本。

我国是在崖城 13-4 项目中首次在海洋工程中使用双金属复合管[76]。当时所采用的管径为 8 in，铺设距离为 22.5 km，这一项目的成功实施开启了我国油气输送管道升级换代的序幕。此后，复合管在南海番禺 35-1/35-2 气田、东海平黄 HY1-1 气田等多个海洋区块得到应用，并取得了良好效果。复合管在我国的陆上油田应用更早，可追溯到西安向阳航天复合材料有限公司在 2005 年的塔里木气田项目，该工程成功应用了以不锈钢 316L 为内衬的双金属复合管。

国内在复合管的弯曲性能分析方面也开展了大量研究。在南海番禺 35-1/35-2 气田项目中开展了包括高温塌陷、四点弯曲和弯曲循环试验在内的多项模拟试验研究。由西安向阳航天复合材料有限公司研发的机械复合管四点弯曲试验装置如图 1-22 所示。文献[5]对相关试验结果进行了介绍：①在一定范围内，基体钢管与内衬管之间接触应力越大，复合钢管发生弹性弯曲时，内衬管起皱或产生剥离的可能性越低；②内衬复合钢管弯曲时，当超过弹性极限后，内衬管出现起皱、剥离和鼓包等现象，但未发生开裂。总体而言，我国在深水海底管道的高效铺设安装技术与国际先进水平还有一定差距，尤其是在双金属复合管的卷管铺设工艺设计和装备方面与法国、挪威、意大利和美国等国家的差距比较明显，这需要在理论研究、铺设施工装备和配套技术方面继续加大研发投入。

图 1-22 四点弯曲试验装置

双金属复合管作为一种高性能复合管道材料,兼具外管的强度优势与内衬管的可定制性特殊性能,可实现包括耐腐蚀、耐磨、耐磁等多种功能。经过多年的产品设计和工艺研究发展,已形成较大的经济优势和技术优势,在国内外多个海洋油气开发项目中得到应用,具有出色的工程应用业绩和良好的运营反馈[77-78]。近几年,笔者对国内主要生产商和相关企业进行了走访和交流,有着深刻的感触:一方面,我国在复合管产品研发、生产与工程应用方面存在严重脱节的情况,双金属复合管的应用和市场开发力度方面与欧美国家相比还存在不足;另一方面,国内的市场需求和发展又严重受限,给复合管生产企业造成了较大的负担,又反过来对相关技术的开发和新型产品的升级迭代带来了不利影响。不过,部分优秀的企业也通过产品"出海",取得了非常好的业绩和业界口碑。

就全球范围来说,在双金属复合管从无到有,再到不断扩大的工程化道路上,出现了很多服役效能研究不足的问题,引起了用户和制造商的高度重视,并采取了各种持续的改进和改良措施,包括胶黏型机械复合管等。但是,双金属复合管的服役效能评价问题,无论从理论基础上,还是从工程实践上,都有许多遗留问题需要研究解决,中国企业在走向国际市场的时候,服役效能评价问题是一个不可绕过的关卡。笔者结合在双金属复合管方面的一些科学研究工作及在国外工业界的实践经验,同时也借鉴了大量学者和技术人员的相关科研成果,针对服役性能中的若干关键问题,编著了此书。本书内容包括了油气管道的基本知识和复合管分类与制造工艺,也涵盖了典型载荷工况下的复合管结构行为与屈曲问题的研究与分析方法,希望能够改善目前复合管产品的设计研发与后续服役效能综合考虑不足的局面,从而为我国双金属复合管的产业发展起到一定的促进作用。

参 考 文 献

[1] 林伯强. 中国海洋能源发展报告 2021 [M]. 北京:科学出版社,2022.

[2] Gao P, Duan M, Gao Q, et al. A prediction method for anchor penetration depth in clays [J]. Ships and offshore structures, 2016,11(7):782 – 789.

[3] Suleimenova F E, El Sayed N, Sharipov R H, et al. Investigation of the microstructure of the oil pipeline pipes destroyed as a result of corrosion [J]. Kompleksnoe Ispolzovanie Mineralnogo Syra, 2022,323(4):60 – 67.

[4] 焦中良,帅健. 含凹陷管道的完整性评价[J]. 西南石油大学学报(自然科学版),2011,33(4):157 – 164.

[5] 魏斌,李鹤林,李发根. 海底油气输送用双金属复合管研发现状与展望[J]. 油气储运,2016,35(4):343 – 355.

[6] 杨专钊,魏伟荣,刘腾跃,等. 海洋油气输送用双金属复合管安装现状与趋势[J]. 石油管材与仪器,2017,3(2):5 – 8,27.

[7] 周声结,郭崇晓,张燕飞. 双金属复合管在海洋石油天然气工程中的应用[J]. 中国石油和化工标准与质量,2011,31(11):115 – 116.

[8] 王纯,毕宗岳,张万鹏,等. 国内外双金属复合管研究现状[J]. 焊管,2015,38(12):7 – 12.

[9] 朱英霞,熊杭锋,陈炜,等. 异质双金属复合管的弯曲工艺研究进展[J]. 精密成形工程,2016,8

(6):8 - 14.

[10] 席正海. 国外双金属复合管生产工艺[J]. 四川冶金,1989,(4):52 - 58,26.

[11] 铸管厂. 球铁-白口铁复合管[J]. 鞍钢技术,1974(3):60.

[12] American Petroleum Institute. Specification for CRA Clad or Lined Steel Pipe:API SPEC 5LD - 2015 [S]. 2015.

[13] Yuan Lin, Kyriakides Stelios. Hydraulic expansion of lined pipe for offshore pipeline applications [J]. Applied Ocean Research,2021,108:102523.

[14] Xunzhong Guo, Yaohui Yu, Jie Tao, et al. Maximum residual contact stress in spinning process of SS304/20 bimetallic pipe [J]. The International Journal of Advanced Manufacturing Technology,2020,106(7):2971 - 2982.

[15] 孙显俊,陶杰,郭训忠,等. Fe/Al 复合管液压胀形数值模拟及试验研究[J]. 锻压技术,2010,35(3):66 - 70.

[16] 曾德智,杨斌,孙永兴,等. 双金属复合管液压成型有限元模拟与试验研究[J]. 钻采工艺,2010,33(6):78 - 79.

[17] 杜清松,曾德智,杨斌,等. 双金属复合管塑性成型有限元模拟[J]. 天然气工业,2008,28(9):64 - 66.

[18] 曾德智,杜清松,谷坛,等. 双金属复合管防腐技术研究进展[J]. 油气田地面工程,2008,27(12):64 - 65.

[19] 贾建波,徐岩,王浩舟,等. 厚壁双金属复合管外胀成形工艺研究[J]. 北华大学学报(自然科学版),2010,11(1):92 - 96.

[20] 张庆,周磊,赵长财,等. 复合管胀形成形极限研究[J]. 中国机械工程,2002,13(17):1455 - 1458.

[21] 李明亮. 多层复合管液压胀接原理与工艺研究[D]. 哈尔滨:哈尔滨工业大学,2010.

[22] 王纯. 内衬耐蚀合金复合管液压胀合试验研究[D]. 西安:西安石油大学,2016.

[23] 周飞宇. 双层金属复合管液压成形工艺研究[D]. 南京:南京航空航天大学,2014.

[24] 马海宽,刘继高,李培力,等. 双金属复合管高压液胀成形理论分析与有限元计算[J]. 钢管,2013,42(5):26 - 30.

[25] 马海宽,李培力,隋健,等. 双金属复合管液胀成形选材标准理论分析探讨[J]. 化工设备与管道,2015,52(3):73 - 75.

[26] 马海宽,李培力,隋健,等. 关于液胀成形技术是双金属复合管发展趋势的探讨[J]. 机械工程与自动化,2015(6):215 - 216,219.

[27] 王学生,王如竹,李培宁. 复合管液压成形装置及残余接触压力预测[J]. 中国机械工程,2004(8):6 - 10.

[28] 王学生,王如竹,吴静怡,等. 基于径向自紧密封的双金属复合管液压成形[J]. 上海交通大学学报,2004(6):905 - 908.

[29] 王学生,李培宁,惠虎. 新型液压胀合有缝不锈钢管衬里复合管的制造技术[J]. 化工设备与管道,2002(4):42 - 44,4.

[30] 王学生,李培宁,王如竹,等. 双金属复合管液压成形压力的计算[J]. 机械强度,2002(3):439 - 442.

[31] 王学生,李培宁. 液压胀合有缝不锈钢管衬里复合管的制造技术[J]. 压力容器,2001,18(4):50-52.

[32] 徐学利,王纯,毕宗岳,等. L360QS/Incoloy825 镍基合金复合管的液压胀合工艺[J]. 热加工工艺,2015,44(17):95-98.

[33] 毕宗岳,王纯,晁利宁,等. L360QS/Incoloy825 镍基合金液压复合管的有限元模拟与试验[J]. 塑性工程学报,2016,23(1):131-135.

[34] 毕宗岳,王纯,张万鹏,等. 液压复合管残余接触应力的影响因素[J]. 热加工工艺,2015,44(19):144-146,149.

[35] 晁利宁,鲜林云,余晗,等. 双金属复合管液压成型的有限元模拟及残余接触压力计算[J]. 焊管,2016,39(7):1-6,10.

[36] 李真,陈海云. 材料力学性能对复合管胀接性能的影响分析[J]. 化工装备技术,2007,28(4):48-51.

[37] 徐龙江,雷君相,高贵杰,等. 双层复合管液压胀接成形影响因素分析[J]. 机械工程与自动化,2015(4):215-216,218.

[38] 陈海云,曹志锡. 双金属复合管塑性成形技术的应用及发展[J]. 化工设备与管道,2006,43(5):16-18,21.

[39] 郭崇晓,张燕飞,吴泽. 双金属复合管在强腐蚀油气田环境下的应用分析及其在国内的发展[J]. 全面腐蚀控制,2010,24(2):13-17,12.

[40] 郭崇晓,蒋钦荣,张燕飞,等. 双金属复合管内覆(衬)层应力腐蚀开裂失效原因分析[J]. 焊管,2016,39(2):33-38.

[41] 刘富君,郑津洋,郭小联,等. 双层管液压胀合的原理及力学分析[J]. 机械强度,2006,28(1):99-103.

[42] 潘旭,周永亮,冯志刚,等. 双金属复合管内衬塌陷问题与建议[J]. 石油工程建设,2017,43(1):57-59.

[43] 钱乐中. 腐蚀性油气输送用内衬双相不锈钢复合管[J]. 焊管,2007,30(3):30-33.

[44] 郑哲敏,杨振声. 爆炸加工[M]. 北京:国防工业出版社,1981.

[45] 余勇,马宏昊,沈兆武,等. 爆炸胀接铝/钢复合管的研究[J]. 高压物理学报,2016,30(2):130-134.

[46] 朱世东,王栋,李广山,等. 油气田用双金属复合管研究现状[J]. 腐蚀科学与防护技术,2011,23(6):529-534.

[47] 肖桂华. 不锈钢-碳钢复合管的生产技术[J]. 四川冶金,2000,(1):58-59.

[48] 许云华. 双金属管的制造工艺:CN1039104C [P]. 1998-07-15.

[49] 吴宏,赵达生,宋五一,等. 一种双金属复合管的制造方法:CN1189259C [P]. 2005-02-16.

[50] 陈海云. 双金属复合管塑性成型力学分析及其装置的研究[D]. 杭州:浙江工业大学,2006.

[51] 王永飞,赵升吨,张晨阳. 双金属复合管成形工艺研究现状及发展[J]. 锻压装备与制造技术,2015,50(3):84-89.

[52] 曹晓燕,上官昌淮,施岱艳,等. 天然气管线用双金属复合管的发展现状[J]. 全面腐蚀控制,2014(4):22-25.

[53] 曹晓燕,邓娟,上官昌淮,等. 双金属复合管复合工艺研究进展[J]. 钢管,2014,43(2):11-15.

［54］ 王永芳,袁江龙,张燕飞,等. 双金属复合管的技术现状和发展方向[J]. 焊管,2013,36(2):5-9.

［55］ 孙育禄,白真权,张国超,等. 油气田防腐用双金属复合管研究现状[J]. 全面腐蚀控制,2011,25(5):10-12,16.

［56］ 李发根,魏斌,邵晓东,等. 高腐蚀性油气田用双金属复合管[J]. 油气储运,2010,29(5):359-362.

［57］ 赵卫民. 金属复合管生产技术综述[J]. 焊管,2003,26(3):10-14.

［58］ 宋彬. 双金属复合管的制造及应用[J]. 给水排水,2002,28(10):65-66.

［59］ 凌星中. 内复合双金属管制造技术[J]. 焊管,2001,24(2):43-46.

［60］ 郑光明,李秉海,孙晓光,等. 国外复合管的制造和施工技术(一)[J]. 国外油田工程,2001,17(1):50-54.

［61］ 王会凤,韩静涛,乃晓文. 无模拉伸制备双金属复合管的初步探讨[J]. 锻压技术,2011,36(6):38-41.

［62］ 黄勇霖,易思竞. 双金属复合管及其制作方法:CN02113246A [P]. 2002-07-17.

［63］ 杨专钊. 油气集输用双金属复合管[M]. 北京:石油工业出版社,2018.

［64］ 杨专钊,李安强,魏亚秋. 双金属复合管标准发展现状及存在的问题[J]. 油气储运,2020,39(4):395-399.

［65］ Gresnigt A M, Van Foeken R J, Chen S. Collapse of UOE manufactured steel pipes [C]// The Tenth International Offshore and Polar Engineering Conference,2000.

［66］ 韩燕,张成杰,高彦伟,等. L415QB/316L 双金属复合管环焊接头缺陷分析[J]. 石油管材与仪器,2022,8(4):71-74.

［67］ 杨专钊,王高峰,闫凯,等. 双金属复合管环焊工艺及接头强度设计现状与趋势[J]. 油气储运,2017,36(3):241-248,254.

［68］ Yuan L, Kyriakides S. Liner wrinkling and collapse of girth-welded bi-material pipe under bending [J]. Applied Ocean Research,2015,50:209-216.

［69］ Johnston C, London T. Development of a Stress Intensity Factor Solution for Mechanically Lined Pipe [C]//International Conference on Offshore Mechanics and Arctic Engineering. American Society of Mechanical Engineers,2022:OMAE2022-78559.

［70］ 袁林. 深海油气管道铺设的非线性屈曲理论分析与数值模拟[D]. 杭州:浙江大学,2009.

［71］ 罗世勇,贾旭,徐阳,等. 机械复合管在海底管道中的应用[J]. 管道技术与设备,2012(1):32-34.

［72］ Tkaczyk T, Pépin A, Denniel S. Integrity of mechanically lined pipes subjected to multi-cycle plastic bending [C]//International Conference on Offshore Mechanics and Arctic Engineering,2011,44366:255-265.

［73］ Sriskandarajah T, Roberts G, Rao V. Fatigue aspects of CRA lined pipe for HP/HT flowlines [C]//Offshore Technology Conference,2013.

［74］ Montague P, Walker A, Wilmot D. Test on CRA lined pipe for use in high temperature flowlines [C]//Offshore Pipeline Technology Conference,2010.

［75］ Jones R L, Toguyeni G, Hymers J, et al. Increasing the Cost Effectiveness of Mechanically Lined Pipe for Risers Installed by Reel-lay [C]//Offshore Technology Conference,2021.

［76］ 闫可安,许天旱,韩礼红,等. 双金属复合管的研究现状与发展趋势[J]. 化工技术与开发,

2020,49(10):45 - 50.

[77] Endal G，Levold E，Ilstad H. Method for laying a pipeline having an inner corrosion proof cladding：EP2092160B1 [P]. 2011 - 11 - 16.

[78] Toguyeni G A，Banse J. Mechanically lined pipe：installation by reel-lay [C]//Offshore Technology Conference，2012.

第 2 章

双金属复合管液压 复合成形分析

双金属复合管由外管和内衬两部分构成。对于常见的耐腐蚀型复合管而言,外管负责承受外部载荷,而薄壁衬管则主要用于抵抗输运介质侵蚀,由于其兼具高强度和耐腐蚀优异特性,近年来在全球陆地与海洋油气开采中得到较多应用。然而,当承受外载过大时,复合管易出现因管间结合力不足导致内衬出现脱落、起皱和内鼓现象,进而造成整体结构失效。因此,如何优化产品设计与加工工艺,增加管间机械结合强度对管道的安全服役至关重要。目前,双金属复合管的液压成形制备工艺相对成熟、便捷,制造成本较低,且产品性能稳定性较高。因此,本章主要针对主流液压成形法制造的双金属复合管进行力学建模,并对关键加工工艺参数进行研究分析。

值得指出的是,国内外学者对双金属复合管工艺流程进行过较多研究。例如,Wang 等(2005)[1]通过弹性力学理论分析和试验探究了双金属复合管液压成形机理,以内、外管回弹量的变形协调条件,得出了施加液压力与残余接触应力的关系式。随后,Zeng 等(2014)[2-3]对该理论模型做了进一步改进。笔者(2014,2021,2022)也曾针对复合管加工过程进行力学机理和数值模拟分析[4-6],并对包括装配间隙在内的关键参数对复合管的弯曲屈曲等影响进行了研究。李兰云等(2019)[7]通过建立有限元模型,详细研究了装配间隙对双金属复合管液压成形后残余接触应力和回弹的影响。Wang 等(2019)[8]假设外管为理想弹塑性材料,对复合管的加工制造过程进行了数值模拟,并在此基础上研究了轴压作用下双金属复合管的结构响应。

本章首先利用小尺度复合管对塑性液压成形进行了试验研究,然后基于非线性环理论、弹塑性材料本构关系及虚功原理,通过引入拉格朗日乘子,建立用于分析复合管制造过程的理论分析计算模型,并结合有限元模拟方法和试验结果,对比验证了所建立力学模型的合理性和准确性。此外,系统分析了内、外管装配间隙、屈服应力、材料塑性各向异性及轴端压力对复合管机械结合强度的影响,可为双金属复合管的产品设计及工艺优化提供理论支撑。

2.1　试验研究

试验采用的是直径为 50 mm 的小尺度管道,复合管由自主搭建的液压成形设备加工制造而成。为保证试验结果可以还原到实际工程情况,选取外管径厚比(D/t)范围为 18~35,选择的内衬厚度不大于 1 mm,以保证$(D/t)|_L$控制在 50 左右。主要液压成形原理如图 2-1(a)所示。

复合管试件的材料组合可根据实际需要,选取不同级别的内衬材料和碳素钢。复合加工的液压成形设备如图 2-1(b)所示,设备主体采用柜式结构,箱内尺寸为 1800 mm×600 mm×500 mm,最大设计压力为 100 MPa。机盖两侧配置气撑杆辅助其启闭,介质箱位于试验箱下方,可实现加载介质的循环使用。设备以空气压缩机产生的高压气体为动力源,利用旋转增压阀调整驱动气源压力,实现对输出压力的无级调节。配合卸荷阀,可实现恒速升压—保压—恒速泄压功能。系统配备压力传感器量程为 120 MPa,测量精度为 0.1 MPa,对复合管加工过程

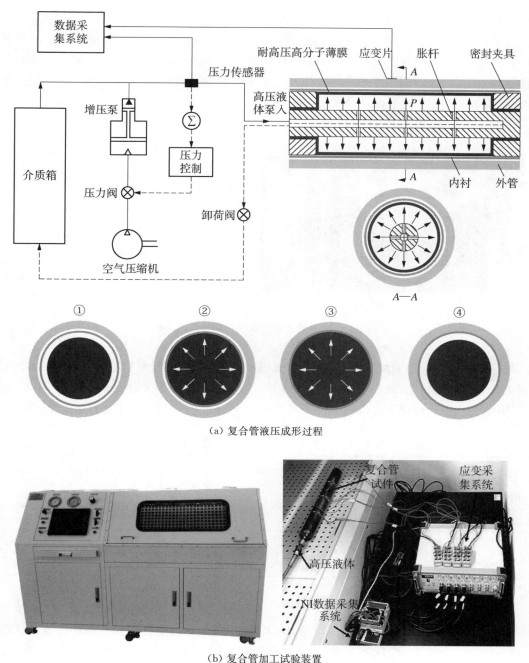

（a）复合管液压成形过程

（b）复合管加工试验装置

图 2-1　复合管试件加工过程

中压力变化进行实时监控。此外,在外管表面布置轴向和环向电阻应变片,通过惠斯通电桥和应变放大仪将应变数据传输至 NI 数据采集系统进行汇总分析。

　　当内、外管准备就绪后,将耐高压胀杆置于管道内部,关闭试验箱门后开启液压成形控制系统,随着高压液体泵入,高分子薄膜发生膨胀并与内衬很快发生接触。继续缓慢增加压力,内衬逐渐与外管贴合,此时可从数据采集系统中观察到外管应变的变化情况。在膨胀两管到目标应变或压力后,开启卸压阀门,缓慢减少压力直至压力归零。

　　加工试验所选取的外管为 GB45 级碳素钢无缝钢管,内衬管材料为 T2 铜。为了准确获取材料的机械性能,首先分别从两管沿轴向方向切取试件,然后将试件放置于万能试验机上进行单轴拉伸测试,试验中利用应变片和引伸计对应变进行测量,所获取的两管应力-应变曲线如图 2-2 所示。

（a）内、外管试件

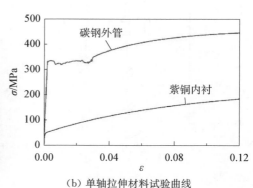
（b）单轴拉伸材料试验曲线

图 2-2　内、外管试件及单轴拉伸材料试验曲线

　　可见,内、外管的屈服强度相差较大,由式(1-11)可知,这种材料组合有利于在卸载后形成更大的管间接触应力。材料的主要参数及内、外管加工前的尺寸详见表 2-1。其中,钢管 SPC1 和内衬 SPL1 对应于复合管试件 LP1,钢管 SPC2 和内衬 SPL2 对应于复合管试件 LP2。

表 2-1　内、外管名义几何尺寸与主要材料参数

试件	D/mm	t/mm	D/t	E/GPa	$\sigma_{0.2}$/MPa	υ
钢管 SPC1	50.0	2.0	25.0	200	343.0	0.30
钢管 SPC2	50.0	1.5	33.3	200	341.0	0.30
内衬 SPL1	45.0	1.0	45.0	105	52.0	0.35
内衬 SPL2	45.0	1.0	45.0	105	52.0	0.35

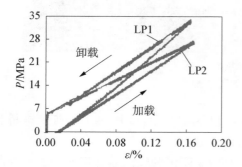

图 2-3　复合管试件加工过程膨胀内压-外管环向应变曲线

　　在复合管加工试验中,碳钢外管的表面沿着轴向均匀布置了 5 处应变片,其目的一方面是实时监测管道的环向膨胀沿轴向是否均匀,另一方面是严格控制管道的变形程度,确保符合设计标准。试验采集的平均环向应变与膨胀内压的曲线如图 2-3 所示。

　　在液压初始阶段,内衬管在胀杆的膨胀下独自发生径向变形,但由于内衬较薄,当液压刚超过 5.0 MPa 后,内衬与外管就开始发生接触,两管随后共同膨胀,这时可见外管开始出现环向应变。当达到设计应变 0.17% 附近后,开始卸载。在加载和卸载过程中,图中曲线基本呈线性变化,但两段的斜率并不相同,加载段略低,卸载段偏高,后者的斜率是基本符合弹性卸载规律的。当完全卸载后,仍有 0.016% 的残余环向应变存在,这是两管的卸载回弹程度不同造成的。管间接触应力可以通过理论进行计算,复合管试件 LP1 和 LP2 的计算结果分别为 3.34 MPa 和 1.91 MPa。

图 2-4　加工完成后的复合管试件
LP-1 和 LP-2

在液压成形过程中,为实现复合管的良好接触,最大加卸载速率控制在 0.5 MPa/s,并严格控制保压时间在 1 min 以上。在完全卸载后,从试验箱内取出复合管试件,由图 2-4 可见,加工后的复合管试件,其内、外管已实现紧密贴合。在检查管间贴合情况并确认良好后,对其直径和壁厚进行测量。加工后的复合管试件 LP-1 和 LP-2,其具体尺寸、椭圆率及壁厚偏心度等主要参数已列于表 2-2 中。其中,初始椭圆率(Δ_o)和偏心度(Ξ_o)的计算公式如下:

$$\Delta_o = \frac{D_{\max} - D_{\min}}{D_{\max} + D_{\min}}, \quad \Xi_o = \frac{t_{\max} - t_{\min}}{t_{\max} + t_{\min}} \tag{2-1}$$

表 2-2　复合管加工前后的主要尺寸与加工参数

试件	$D_c{}^a$/mm	$t_c{}^a$/mm	$t_L{}^a$/mm	$D_t{}^b$/mm	$t_t{}^b$/mm	$P_{\max}$/MPa	$\Delta_o{}^a$/%	$\Xi_o{}^a$/%
LP-1	50.11	2.05	0.99	50.16	3.05	33.52	0.09	2.28
LP-2	50.19	1.55	0.99	50.22	2.49	26.59	0.05	1.95

注: a 为初始尺寸, b 为完成尺寸。

2.2　理论研究

复合管液压成形分析的理论计算模型采用非线性环理论(图 2-5)和材料弹塑性本构关系,可以实现从复合管道加工制造到后续多种载荷作用下结构响应的快速分析。需要指出的是,该理论模型假设管道沿轴向均匀变形,内衬管和外管截面上任一点的环向应变和轴向应变如下:

$$\begin{cases} \varepsilon_x = \varepsilon_x^0 + \varsigma\kappa \\ \varepsilon_\theta = \varepsilon_\theta^0 + z\kappa_\theta \end{cases} \tag{2-2}$$

式中:ε_x^0 为几何中面的轴向应变;$\varsigma = (R+w)\cos\theta - v\sin\theta + z\cos\theta$,为变形后截面任一点到几何中面的距离;$\varepsilon_\theta^0 = \left(\frac{v'+w}{R}\right) + \frac{1}{2}\left(\frac{v'+w}{R}\right)^2 - \frac{1}{2}\left(\frac{v'-w}{R}\right)^2$;$\kappa_\theta = \left(\frac{v'-w''}{R^2}\right) \Big/ \sqrt{1 - \left(\frac{v-w'}{R}\right)^2}$,

$(\ )' \equiv \frac{\mathrm{d}(\ )}{\mathrm{d}\theta}$。该几何关系适用于内衬和外管。

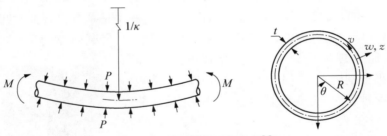

图 2 - 5   管道截面几何参数[9]

内、外管的本构关系均采用增量形式的 J_2 塑性流动等向强化理论进行描述。在塑性加载过程中,应变增量由弹性部分和塑性部分组成,其中弹性应变增量为

$$d\varepsilon_{ij}^e = \frac{1}{E}\big[(1+\nu)d\sigma_{ij} - \nu d\sigma_{kk}\delta_{ij}\big] \tag{2-3}$$

塑性应变增量为

$$d\varepsilon_{ij}^p = \frac{1}{H}\left(\frac{\partial f}{\partial\sigma_{mn}}d\sigma_{mn}\right)\frac{\partial f}{\partial\sigma_{ij}} \tag{2-4}$$

另外,考虑到管道材料一般存在塑性各向异性,可以采用 Hill 屈服函数进行描述:

$$f = \left[\sigma_x^2 - \sigma_x\sigma_\theta + \frac{1}{S^2}\sigma_\theta^2\right]^{1/2} = \sigma_{emax} \tag{2-5}$$

$$S = \frac{\sigma_{o\theta}}{\sigma_{ox}} \tag{2-6}$$

式中 S——各向异性参数;

$\sigma_{o\theta}$ 和 σ_{ox}——分别为环向屈服应力和轴向屈服应力;

σ_{emax}——该材料点加载历史过程中的最大等效应力。

另外,由于双金属复合管材质一般具有较强的材料非线性,采用 Ramberg-Osgood(R-O)模型能够较好地表征材料的屈服特性和应力-应变关系。该模型可表示为

$$\varepsilon = \frac{\sigma}{E}\left[1 + \frac{3}{7}\left|\frac{\sigma}{\sigma_y}\right|^{n-1}\right] \tag{2-7}$$

式中 σ_y——屈服应力;

n——应变硬化参数。

考虑到径向应力影响相对较小,简化为如下增量形式:

$$\begin{Bmatrix}\dot{\varepsilon}_x \\ \dot{\varepsilon}_\theta \\ \dot{\varepsilon}_{x\theta}\end{Bmatrix} = \big[D_{\alpha\beta}\big]\begin{Bmatrix}\dot{\sigma}_x \\ \dot{\sigma}_\theta \\ \dot{\sigma}_{x\theta}\end{Bmatrix} \tag{2-8}$$

其中,

$$D = \frac{1}{E} \begin{bmatrix} 1 + Q(2\sigma_x - \sigma_\theta)^2, & -\nu + Q(2\sigma_x - \sigma_\theta)(2\sigma_\theta - \sigma_x), & 6Q(2\sigma_x - \sigma_\theta)\sigma_{x\theta} \\ -\nu + Q(2\sigma_x - \sigma_\theta)(2\sigma_\theta - \sigma_x), & 1 + Q(2\sigma_\theta - \sigma_x)^2, & 6Q(2\sigma_\theta - \sigma_x)\sigma_{x\theta} \\ 3Q(2\sigma_x - \sigma_\theta)\sigma_{x\theta}, & 3Q(2\sigma_\theta - \sigma_x)\sigma_{x\theta}, & 1 + \nu + 18Q\sigma_{x\theta}^2 \end{bmatrix},$$

$$Q = \frac{1}{4\sigma_e^2}\left(\frac{E}{E_t(\sigma_e)} - 1\right).$$

根据虚功原理建立内、外管道在任意加载时刻的平衡状态方程,用增量形式可以表示为

$$R_C \int_0^{2\pi} \int_{-t_C/2}^{t_C/2} (\hat{\sigma}_x \delta\dot{\epsilon}_x + \hat{\sigma}_\theta \delta\dot{\epsilon}_\theta)\left(1 + \frac{z}{R_C}\right) \mathrm{d}z\,\mathrm{d}\theta$$

$$+ R_L \int_0^{2\pi} \int_{-t_L/2}^{t_L/2} (\hat{\sigma}_x \delta\dot{\epsilon}_x + \hat{\sigma}_\theta \delta\dot{\epsilon}_\theta)\left(1 + \frac{z}{R_L}\right) \mathrm{d}z\,\mathrm{d}\theta = \delta\dot{W}_e \tag{2-9}$$

式左侧为内力所做的虚功增量部分,由内衬和外管两部分组成;式中: $(\hat{\bullet}) \equiv (\bullet + \dot{\bullet})$。外力载荷所做的虚功增量 $\delta\dot{W}_e$ 可根据具体载荷工况调整。例如,式(2-10)为加工过程中两管接触后膨胀内压所做的虚功增量,其中包括内压和加工中轴向压力的虚功增量及由拉格朗日乘子引入的管间约束作用。

$$\delta\dot{W}_e = -\hat{P}_i R_L \delta \int_0^{2\pi} \int_{-t_L/2}^{t_L/2} \left[\delta\dot{w} + \frac{1}{2R_L}(2\dot{w}\delta\dot{w} + 2\hat{v}\delta\dot{v} + \hat{w}\delta\dot{v}' + \hat{v}'\delta\dot{w} - \hat{v}\delta\dot{w}' - \hat{w}'\delta\dot{v})\right] \mathrm{d}\theta$$

$$+ (\alpha - 1)\hat{P}_i \pi R_C^2 \delta\dot{\epsilon}_x^0 - \lambda_1(\delta\dot{w}_C - \delta\dot{w}_L) - \lambda_2(\delta\dot{\epsilon}_{xC} - \delta\dot{\epsilon}_{xL})$$

$$\tag{2-10}$$

由于三角级数对于描述管道截面的位移变化具有较好的适用性,内衬管和外管采用以下位移表达形式:

$$\begin{cases} w_L \cong R_L \left[a_{0L} + \sum_1^M (a_{mL}\cos m\theta + b_{mL}\sin m\theta)\right], & v_L \cong R_L \sum_2^M (c_{mL}\cos m\theta + d_{mL}\sin m\theta) \\ w_C \cong R_C \left[a_{0C} + \sum_1^N (a_{nC}\cos n\theta + b_{nC}\sin n\theta)\right], & v_C \cong R_C \sum_2^N (c_{nC}\cos n\theta + d_{nC}\sin n\theta) \end{cases}$$

$$\tag{2-11}$$

将上述位移函数代入应变公式,而后根据弹塑性本构关系可以获得应力增量,再由每个增量步的平衡状态方程获得 $4M + 4N - 2$ 个非线性方程(该数值将根据具体问题发生变动),采用 Newton-Raphson 法进行迭代求解(图 2-6)。针对加载过程中的管间约束和相互作用等情况,计算模型采用拉格朗日乘子进行计算。例如,复合管液压加工时在轴向和径向存在管间约束作用,平衡状态方程中将引入拉格朗日乘子 λ_1 和 λ_2 进行计算,所需求解方程的数量也相应扩增。值得指出的是,液压成形过程可以简化为轴对称情况,即只保留项 $\{\dot{a}_0, \dot{c}_0, \dot{\epsilon}_{xC}^0, \dot{\epsilon}_{xL}^0,$ $\lambda_1, \lambda_2\}$,此外,所引入的拉格朗日乘子 λ_1 和 λ_2 也可以根据实际生产制造过程的约束条件进行调节改变。加工后管间残余接触应力按式(2-12)进行计算:

$$P_{CP} = \frac{-\sigma_{\theta L} t_L}{R_L(1 + c_0)} \tag{2-12}$$

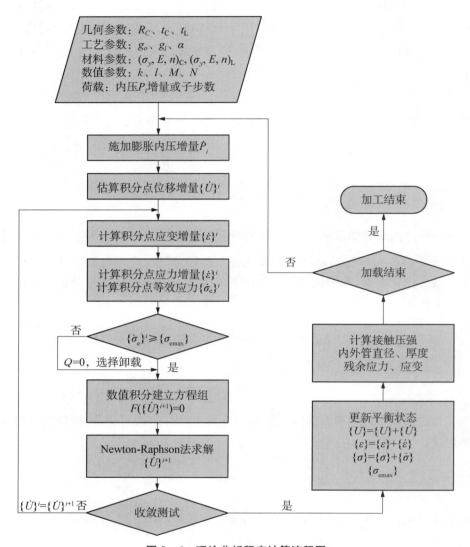

图 2 – 6   理论分析程序计算流程图

基于上述理论模型,利用 FORTRAN 语言构建了具有简单交互界面的分析程序,只需更改尺寸和材料参数,便可快速计算出成形液压力、残余应力及管间残余接触应力,对加工工艺进行快速迭代优化,进而避免了通用有限元软件的繁琐建模步骤。

2.3   数值模拟研究

复合管的制造过程涉及金属材料的塑性加载历史,产生的机械结合力和残余应力等,且直接影响其后续弯曲、外压等载荷作用下的屈曲行为。有限元模拟方法能够对上述因素进行详细分析,同时也能对试验中难以观测到的屈曲行为和演变规律进行补充。因此,所建立的仿真框架从复合管道加工制造入手,按照实际加工工艺模拟整套液压塑性成形过程。仿真分析框架采用 PYTHON 脚本开发,可以根据实际工况进行相应的参数化建模。

　　针对具体工艺设置,可以进行轴对称、1/2 和 1/4 对称等简化处理。在 ABAQUS 中进行复合管加工过程模拟,所建立的三维有限元模型如图 2-7 所示。其中,外管单元类型选用 8 节点线性实体单元 C3D8,衬管选用线性壳体单元 S4,模具为解析刚体。考虑到应力沿厚度存在梯度分布,外管沿厚度方向划分为 4 个单元。内、外管沿环向划分为 80 个单元,轴向 120 个单元,管道长度 0.5 m。

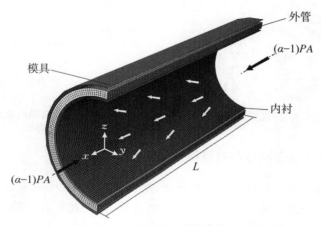

图 2-7　双金属复合管有限元模型

　　边界条件设置如下: $x=0$ 平面和 $y=0$ 平面采用对称约束;对于 $x=-L$ 平面,采用运动耦合保证内、外管端部节点轴向应变相同,分布耦合防止内、外管沿 z 向产生刚体位移。

　　考虑到几何非线性影响,分析时打开几何非线性开关(NLGEOM)。接触属性采用有限滑动选项,并忽略摩擦影响。两个接触面均采用面接触对,外管内表面为主面,衬管外表面为从面;模具内表面为主面,外管外表面为从面。

2.4　算例分析

2.4.1　小尺度双金属复合管算例

　　为验证理论模型准确性,首先对小尺度复合管的加工试验进行了模拟分析。将管道几何尺寸及材料参数输入后,加载到试验膨胀内压后卸载,可以得到如图 2-8 和图 2-9 所示的内压-应变曲线及环向应力-径向位移曲线。类似地,上节中介绍的数值模型也用来模拟管道的液压膨胀过程,并提取对应变量历史曲线进行对比。值得注意的是,外管的应力变化仍保持在线弹性范围内,但内衬已然进入了塑性变形阶段,这区别于外管塑性加工类型的复合管。

　　如图 2-9 所示,完成膨胀并卸载后,外管环向应力为正(受拉),而内衬管的环向应力为负(受压),这种不同程度的回弹使得两管间产生了一定程度的接触应力。经过试验测量(具体接触应力测量方法可见附录 B),接触应力分别为 3.30 MPa 和 1.78 MPa,这与理论预测的

3.34 MPa 和 1.91 MPa 符合较好。总体而言,无论从塑性成形的力学响应过程还是残余接触应力的最终结果,试验、有限元及理论分析,这三者的结果整体符合较好。

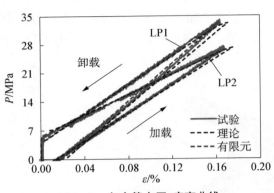

图 2-8　复合管内压-应变曲线

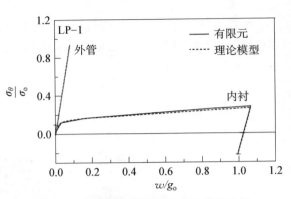

图 2-9　复合管环向应力-径向位移曲线

2.4.2　典型足尺双金属复合管算例

考虑到小尺度复合管的材料组合及内衬径厚比与实际工程中的复合管仍稍有不同,本节选取海洋工程领域应用较多的典型 8 in 双金属复合管,对理论模型预测和有限元模拟结果进行介绍。算例的详细模型尺寸及材料参数见表 2-3,外管材料选用 X65,径厚比 $D/t=18$,衬管选用耐腐蚀合金 Alloy 825,厚度为 3 mm,轴端压力系数 α 取 1.2,在内压和轴端压力作用下完成充压和卸载过程,最终得到满足 API 标准的管道尺寸(外径 219.1 mm)。

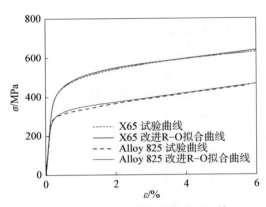

图 2-10　X65 和耐腐蚀合金 825 的
应力应变关系曲线

碳钢 X65 和耐腐蚀合金 825 的材料应力应变曲线如图 2-10 所示。考虑到屈服后期 R-O 拟合曲线和试验曲线会出现较大偏差,因此理论模型中采用改进的 R-O 模型。对于衬管材料,以 $\varepsilon_b=1.5\%$ 为分段点,采用一条沿切向延伸的射线来代替 $\varepsilon \geqslant \varepsilon_b$ 的应力应变曲线。同样,对于外管材料,选取 $\varepsilon_b=3\%$ 作为改进 R-O 模型的分段点。改进的 R-O 模型为

$$\varepsilon = \begin{cases} \dfrac{\sigma}{E}\left[1+\dfrac{3}{7}\left|\dfrac{\sigma}{\sigma_y}\right|^{n-1}\right] & (\varepsilon \leqslant \varepsilon_b) \\[3mm] \dfrac{\sigma-\sigma_b}{E_t}+\varepsilon_b & (\varepsilon > \varepsilon_b) \end{cases} \tag{2-13}$$

式中　σ_b——ε_b 处的应力值;

　　　E_t——材料的切线模量。

双金属复合管液压成形的理论模型和有限元模型结果对比分析如图 2-11 所示。横纵坐标均进行无量纲化处理,w 为衬管径向位移;g_o 为内、外管装配间隙;P 和 P_o 分别为膨胀内压

和外管的屈服压力。其中，$P_o = \sigma_{yC} t_C / R_C$，$\sigma_{yC}$ 为外管的屈服应力（表 2-3）；图中 σ_θ 为环向应力，σ_o 为外管的屈服应力。

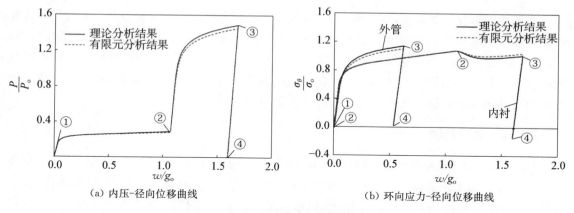

（a）内压-径向位移曲线　　　　　　　　　（b）环向应力-径向位移曲线

图 2-11　双金属复合管液压成形过程

表 2-3　基础算例尺寸及材料参数

参数	D^*/mm	t^*/mm	E/GPa	σ_y/MPa	v	n
外管	216.20	12.29	207.00	397.00	0.30	9.50
内衬	185.22	3.00	198.00	276.00	0.30	11.50

注：* 试件加工前尺寸。

图 2-11(a) 所示为所施加内压与衬管径向位移的关系曲线。从①到②，衬管发生弹塑性变形；到②位置时，所需内压陡然上升，表明此时衬管已紧贴外管；从②到③，外管发生弹塑性变形；到③位置，外管与模具接触；从③到④，撤去内压，外管和衬管发生部分回弹。图 2-11(b) 为内、外管环向应力和径向位移的关系曲线。在②位置，衬管和外管接触导致衬管环向应力有所降低；到④完全卸载时，外管残余环向应力为正值，衬管为负值，此时在接触面形成残余接触应力。由图 2-11 可知，理论模型和有限元模型预测的结构响应较为符合。

卸载后环向应力及环向塑性应变对比见表 2-4，衬管和外管环向应力分别相差 4.98% 和 4.93%。对于衬管的塑性应变，其计算结果相差约为 0.4%。对于 8 in 复合管算例而言，理论接触应力为 1.72 MPa，有限元计算结果为 1.81 MPa，相差约 5%。

表 2-4　卸载后环向残余应力及塑性应变对比

参数	$\sigma_{\theta L}$	$\sigma_{\theta C}$	$\varepsilon_{p\theta L}$
理论模型	−57.43 MPa	13.52 MPa	5.13%
有限元模型	−60.45 MPa	14.22 MPa	5.15%
相对误差	4.98%	4.93%	0.39%

2.5　参数分析

对液压胀形复合管而言,成形液压力、卸载后残余应力及残余接触应力是工艺优化设计和产品性能的关键指标。本节利用所构建的理论模型从以下四个方面进行参数敏感性分析:①内、外管装配间隙;②外管屈服应力;③内、外管材料塑性各向异性;④轴端压力。材料与几何的基础参数仍采用表 2-3 中数值,在合理范围内变化进行分析。需要说明的是,参数分析中的所有算例都需要保证加工后的几何尺寸满足 API 标准。

2.5.1　基/衬装配间隙

选取内、外管的管间距离分别为 $g_o=0.5g_{ob}$、$0.75g_{ob}$、$1.0g_{ob}$、$1.25g_{ob}$、$1.5g_{ob}$,来研究该参数对复合加工制造过程与接触应力的影响,其中 g_{ob} 为基础算例中的内、外管装配间隙。计算结果如图 2-12 所示,随着 g_o 增大,成形液压力基本保持不变,外管残余环向应力小幅度下降。衬管环向应力对 g_o 变化较为敏感,随着 g_o 增大,卸载时刻的环向应力基本呈线性增长,导致与外管环向应力差值逐渐减小,进而使得完全卸载后,管间残余接触应力逐渐减小。因此,在实际加工中,需将装配间隙控制在合适范围内,过大的装配间隙将导致内衬发生较大的应变强化,不利于机械结合力的形成。

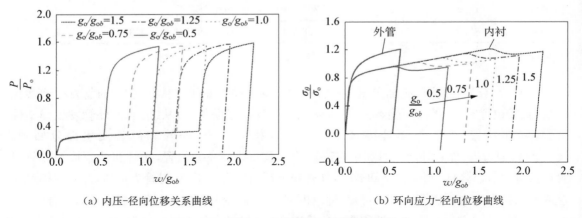

(a) 内压-径向位移关系曲线　　　　　　(b) 环向应力-径向位移曲线

图 2-12　不同内、外管间隙下外管与衬管响应

2.5.2　外管屈服应力

图 2-13 所示为改变外管屈服应力时,内压、环向应力与径向位移的关系曲线,其中 σ_{yCb} 为基础算例中外管的屈服应力。随着材料屈服应力的提高,卸载时刻外管环向应力逐渐增大,对应的成形液压力不断升高;图 2-13(b)表明,衬管环向应力变化对 σ_{yC} 不敏感,完全卸载时衬管残余环向应力随 σ_{yC} 增大而逐渐增大。由于内、外管环向应力差值不断增大,管间残余接触应力基本呈线性增长。综上所述,外管选取高屈服强度材料,增大内、外管屈服应力差异,对于双金属复合管结合强度的提升具有重要作用。同理,选取内衬的屈服强度越低,两管的屈服应力差异越大,同样对增大管间的机械结合力有利。

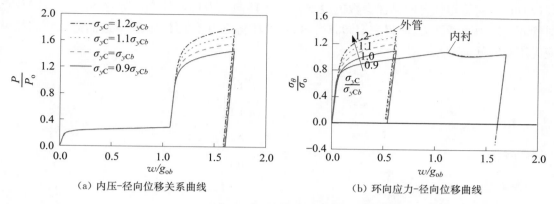

（a）内压-径向位移关系曲线 （b）环向应力-径向位移曲线

图 2-13 不同外管屈服应力下外管与衬管响应

2.5.3 材料塑性各向异性

传统管道的成形过程往往会造成材料的屈服各向异性。例如，在轴向与环向方向上的屈服应力存在差异。一般地，这种塑性各向异性不仅会对结构的极限承载能力产生影响，而且会对双金属复合管的产品性能产生一定影响。本小节主要讨论外管和衬管的塑性各向异性的作用，通过改变各向异性参数 S_C 和 S_L 进行分析。

1）外管塑性各向异性

取 $S_C=0.95$、1.0、1.05、1.1 来研究外管塑性各向异性对复合加工制造过程的影响。如图 2-14（a）所示，随着 S_C 的增大，成形液压力不断升高。图 2-14（b）表明，增大 S_C 使得内衬贴合外管后的环向应力降低，导致卸载时刻内、外管环向应力差异逐渐增大，进而造成外管和衬管接触应力不断增大。

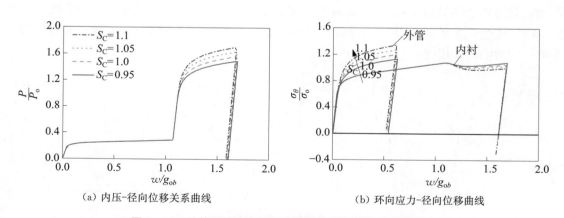

（a）内压-径向位移关系曲线 （b）环向应力-径向位移曲线

图 2-14 外管塑性各向异性参数对外管与衬管响应的影响

2）衬管塑性各向异性

取 $S_L=0.9$、0.95、1.0、1.05 来研究衬管塑性各向异性对复合加工制造过程的影响。如图 2-15 所示，随着 S_L 增大，衬管环向应力逐渐变大，导致成形液压力小幅度上升。由图 2-

15(b)可知,衬管塑性各向异性参数的改变对外管环向应力影响较小。随着 S_L 增大,卸载点衬管环向应力逐渐增大,使得完全卸载后内、外管环向应力差值不断减小,进而造成管间接触应力不断降低。

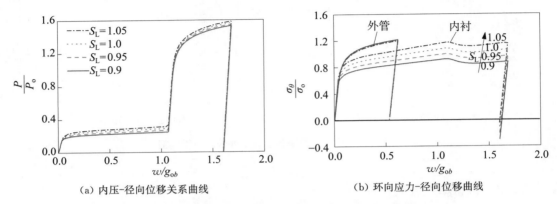

（a）内压-径向位移关系曲线　　　　（b）环向应力-径向位移曲线

图 2-15　衬管塑性各向异性参数对外管与衬管响应的影响

由上述分析可知,随着 S_C 增大,加工后复合管管间接触应力不断增大;随着 S_L 增大,加工后管间接触应力呈现减小趋势。

2.5.4　轴端压力

通常情况下在复合管的成形过程中会在轴端施加一定的轴向压力,在抵消内压对于端部作用的同时,也可保证复合过程的密封性。本小节旨在探究轴端压力设置对复合管成形过程的影响,取轴端压力系数 $\alpha = 1.0$、1.1、1.2、1.3（参见图 2-7）。由图 2-16 可见,随着 α 增大,外管环向应力显著降低,衬管在贴合外管后环向应力逐渐降低,所需复合成形液压力不断降低。管间残余接触应力与 α 的关系曲线如图 2-16（c）所示。随着 α 增大,接触应力由 2.0 MPa 线性下降至 1.7 MPa,变化并不明显。由上述分析可知,轴端压力的改变对管间结合力有一定影响但作用并不显著。

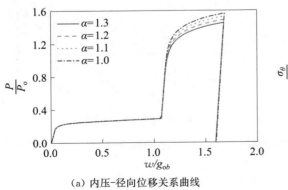

（a）内压-径向位移关系曲线

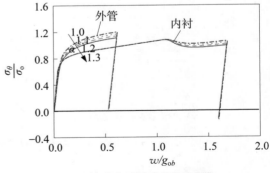

（b）环向应力-径向位移关系曲线

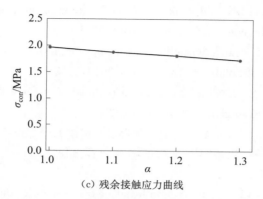

（c）残余接触应力曲线

图 2‑16　改变轴端压力时外管与衬管响应

本章基于虚功原理，通过引入拉格朗日乘子，构建了用于分析液压胀形复合管制造工艺的理论模型，并针对关键几何参数与材料参数对复合工艺及产品的机械结合强度的影响进行了研究。总体而言，无论是膨胀过程中的管道力学响应还是加工完成后的接触应力，试验、有限元与理论整体符合较好。值得指出的是，双金属复合管的管间结合力是复合管的特有参数，在API 5LD 和 DNV‑F101 标准中反复提及，是该类产品的重要表征参数，但同时有关这个参数的讨论也是工业界中最激烈的。对于碳钢 X65 与耐腐蚀合金 Alloy 825 的典型双金属复合管材料组合，通过初步研究结果表明：

（1）基/衬装配间隙对复合管的机械结合强度有较大影响。装配间隙越大，管间结合力越小，但所需成形液压力变化较小。在实际生产过程中，该装配间隙需控制在合适范围内，既要保证内衬顺利放置于基管中，又要避免过大的装配间隙。

（2）基管屈服应力对复合管的机械结合性能影响较大。基管屈服应力越大，成形所需液压力越大，完全卸载后管间结合强度越高。因此，产品设计时，应尽量选择高屈服强度的基管材料及内、外管屈服应力差异较大的组合，从而在材料匹配方面提高机械结合强度。

（3）塑性各向异性对复合管的机械结合强度有较大影响。基管的塑性各向异性参数 S_C 越大，管间结合性能越好；衬管的塑性各向异性参数 S_L 越大，管间结合性能越差。相对而言，成形所需液压力对 S_C 变化更为敏感。

（4）轴端压力对管间结合性能有一定影响。随着轴端压力增大，所需成形液压力逐渐减小，产品的残余接触应力有一定降低但变化不显著。因此，在保证端部密闭的同时，可适当减小所施加的轴端压力。

参 考 文 献

［1］ Wang X，Li P，Wang R．Study on hydro-forming technology of manufacturing bimetallic CRA-lined pipe［J］．International Journal of Machine Tools and Manufacture，2005，45（4–5）：373–378．

［2］ Zeng D Z，Deng K H，Shi T H，et al．Theoretical and experimental study of bimetal-pipe hydroforming［J］．Journal of Pressure Vessel Technology，2014，136（6）：061402，1–10．

［3］Focke E S，Gresnigt A M，Hilberink A. Local buckling of tight fit liner pipe ［J］. Journal of Pressure Vessel Technology，2011,133(1):011207,1 – 10.

［4］Yuan L，Kyriakides S. Liner wrinkling and collapse of bi-material pipe under bending ［J］. International Journal of Solids and Structures，2014,51(3 – 4):599 – 611.

［5］Yuan L，Kyriakides S. Hydraulic expansion of lined pipe for offshore pipeline applications ［J］. Applied Ocean Research，2021,108:102523.

［6］袁林,刘浩伟,余志兵. 双金属复合管液压成形[J]. 塑性工程学报,2022,29(1):26 – 34.

［7］李兰云,张阁,刘静,等. 初始间隙对双金属复合管液压成形的影响研究[J]. 热加工工艺,2019,48(5):136 – 140.

［8］Wang F C，Li W，Han L H. Interaction behavior between outer pipe and liner within offshore lined pipeline under axial compression ［J］. Ocean Engineering，2019,175:103 – 112.

［9］Yuan L，Gong S F，Jin W L，et al. Analysis on buckling performance of submarine pipelines during deepwater pipe-laying operation ［J］. China Ocean Engineering，2009,23(2):303 – 316.

第 3 章

弯曲作用下复合
管的塑性失稳
及屈曲塌陷

在管道的铺设安装及长期运营过程中,可能会受到弯曲作用。弯曲程度过大,将造成管道的塑性变形和屈曲失稳现象。特别是对于双金属复合管来说,有可能会发生外部看起来完好,但内衬发生局部塌陷失效的情况。例如,在海底管道的卷管法铺设工况及运营阶段经常出现的侧向屈曲工况,管道结构易发生严重的塑性变形,这时内衬与外管之间可能会出现分离和图3-1(a)所示的内鼓现象,对油气介质的运输和运维检查都造成极大不利影响。图3-1(b)为某油气田的采气管线在"通球"检查时发生的"卡球"事件,在切割管道后发现内衬存在塌陷。

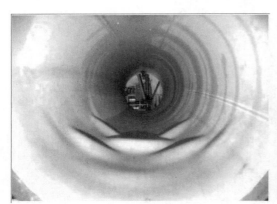

（a）双金属复合管在弯曲时发生内鼓

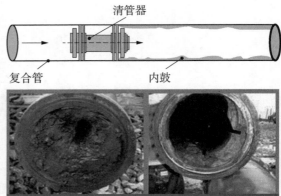

（b）塌陷复合管阻塞油气输运并导致卡球

图3-1　双金属复合管的内衬塌陷

双金属复合管的内衬塌陷问题在一定程度上对其大规模的工程应用构成不利影响,为此国内外企业界和学术界的研究人员针对其弯曲极限性能进行了大量研究,探究影响内衬屈曲的各种因素,以期找出延缓或避免内衬屈曲的方法。在过去的十几年中,已经陆续开展了一些全尺寸的弯曲试验。其中,公开报道的文献中包括荷兰 Gresnigt 教授团队所开展的一系列弯曲试验和数值模拟(Focke,2007;Hilberink,2010,2011)[1-4],Cladtek 研发团队考虑管道温度变化影响的弯曲试验(Montague,2010;Wilmot 和 Montague,2011)[5-6],Technip 公司开展的多尺寸循环弯曲试验(Tkaczyk,2011)[7],Subsea 7 公司和 Butting 公司进行的全尺寸卷管铺设模拟(Toguyeni 和 Banse,2012)[8]等。

虽然双金属复合管的弯曲试验工作进展相对顺利,但其力学机理和计算分析方面却遇到较大困难,在相对较长一段时间内进展不大。这是因为管道的复合加工过程带来了残余应力和塑性加载历史,而且在弯曲时内、外管间又会发生复杂的相互接触与耦合作用,如何准确且合理地对这些因素进行描述非常具有挑战性。在这个研究方面的代表性工作如下:2010年,Vasilikis 和 Karamanos 采用有限元软件分析了复合管在纯弯曲作用下的结构行为,首次对线弹性和简化的塑性失稳进行了分析(Vasilikis 和 Karamanos,2010,2012)[9-10];与此同时,笔者受国际工业联合项目资助,与复合管生产商、EPCI 企业及石油公司等合作,针对更接近实际情况的弹塑性结构响应和屈曲现象开展了相关研究（Yuan 和 Kyriakides，2013，2014a，2014b）[11-13]，澄清了该现象背后的塑性多级失稳机理，本章主要围绕上述研究工作对复合管的弯曲屈曲进行阐述。

3.1 塑性失稳分支点预测

如何准确预测薄壁结构的塑性失稳分支点始终是力学理论研究关注的热点问题，其中使用增量形式的塑性形变理论要比流动理论的预测更为准确（Batdorf，1949；Hutchinson，1974；Kyriakides 和 Corona，2007）[14-16]，这一方法的有效性也在轴压塑性屈曲的试验中得到验证（Peek，2000；Kyriakides 等，2005；Bardi 和 Kyriakides，2006）[17-20]。此外，对于壁厚稍大的管道和圆柱壳，增量形式的塑性形变理论也能够对内压和轴压组合工况（Paquette 和 Kyriakides，2006）[21]、弯曲载荷工况（Ju 和 Kyriakides，1991；Peek，2002；Corona 等，2006）[22-24]及内压和弯矩组合工况（Limam 等，2010）[25]进行较好的失稳预测。基于该理论方法框架，Peek 和 Hilberink（2013）[26]利用解析方法获得了复合管的轴对称褶皱屈曲模态，与 Lee（1962）[27]和 Batterman（1965）[28]的轴对称塑性屈曲分析的结果一致。然而，弯曲带来的椭圆化问题及材料和接触的强非线性，使得内衬的弯曲屈曲更加复杂，而准确预测内衬的塑性分支点则变得更具挑战性。

3.1.1 有限元建模

塑性失稳分支点的计算通过 ABAQUS 的 GENERAL 和 PERTURBATION 分析模块联合进行。如图 3-2 所示，外管直径为 D，壁厚为 t，其内部衬有一层厚度为 t_L 的耐腐蚀合金，并假设接触摩擦系数为零。管道模型的长度为 $2N\lambda$，λ 为内衬圆柱壳弹性屈曲的半波长，其计算公式如下：

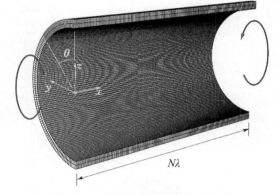

$$\lambda_{Ce} = \frac{\pi \sqrt{R_L t_L}}{\left[12(1-\nu^2)\right]^{1/4}} \qquad (3-1)$$

图 3-2 塑性失稳分析有限元模型

式中 ν——内衬材料的泊松比。

假设模型关于跨中面（y-z 面）和弯曲平面（x-z 面）对称。外管的单元类型采用 8 节点线性实体单元（C3D8），内衬选择线性壳体单元（S4）。经过网格密度敏感性分析，内、外管在轴向每 λ 的长度分配 14 个单元，环向 $0 \leqslant \theta \leqslant \pi/4$ 分配 36 个单元，$\pi/4 \leqslant \theta \leqslant \pi$ 分配 72 个单元，模型中选用 $N=8$。

为了在失稳校核中应用增量形式的 J_2 塑性形变理论，需要采用自定义的用户子程序 UMAT。所对应的非线性应力-应变关系如下：

$$\sigma_{ij} = \frac{E_s}{(1+\nu_s)} \left\{ \frac{\nu_s}{(1-2\nu_s)} \delta_{ij}\delta_{kl} + \frac{1}{2}(\delta_{ik}\delta_{jl} + \delta_{il}\delta_{jk}) \right\} \varepsilon_{ij} \qquad (3-2)$$

其中,$E_s(J_2)$为材料的割线模量,且

$$\nu_s = \frac{1}{2} + \frac{E_s}{E}\left(\nu - \frac{1}{2}\right) \qquad (3-3)$$

非线性求解所需的增量形式为

$$\mathrm{d}\sigma_{ij} = \frac{E_s}{1+\nu+h}\left\{\frac{1}{2}(\delta_{ik}\delta_{jl}+\delta_{il}\delta_{jk}) + \frac{3\nu+h}{3(1-2\nu)}\delta_{ij}\delta_{kl} - \frac{h's_{ij}s_{kl}}{1+\nu+h+2h'J_2}\right\}\mathrm{d}\varepsilon_{ij} \qquad (3-4)$$

其中,$h = 3/2(E/E_s - 1)$,$h' \equiv \mathrm{d}h/\mathrm{d}J_2$,$\sigma_e = (2/3 s_{ij}s_{ij})^{1/2} = (3J_2)^{1/2}$。

为方便计算,内、外管的应力应变关系由 Ramberge-Osgood 模型拟合表示:

$$\varepsilon = \frac{\sigma}{E}\left[1 + \frac{3}{7}\left|\frac{\sigma}{\sigma_y}\right|^{n-1}\right] \qquad (3-5)$$

两管材料的 Ramberg-Osgood 拟合参数$\{E, \sigma_y, n\}$在表 3-1 中列出,其中,外管和内衬的拟合参数是依据典型 X65 碳钢和 825 合金材料进行标定的。表中所列出的σ_o是对应于 0.2% 应变偏移的屈服应力。

表 3-1　管道几何和材料参数

参数	D/mm	t/mm	D/t	E/GPa	υ	n	σ_y/MPa	σ_o/MPa
外管 X65	323.9	17.9	17.75	209	0.3	52	500	507
内衬 Alloy 825	288.0	3.0	99.4	207	0.3	17	283	303

3.1.2　弯曲分支失稳计算结果

复合管的弯曲加载是通过在端部施加转角来实现的。为保证计算精度,需要将最大增量步控制在$\kappa_{1L}/1000$左右。由于屈曲半波长在计算前未知,因此需要对不同λ值进行迭代测算。此过程中,模型的长度由λ确定,并计算每种长度情况下的屈曲曲率(κ_b)。图 3-3 显示

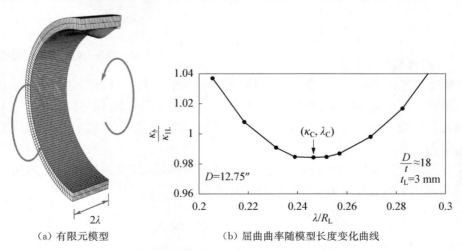

（a）有限元模型　　　　　（b）屈曲曲率随模型长度变化曲线

图 3-3　塑性失稳临界半波长的确定

了基础算例的计算过程和结果(κ_{1L} 为基于内衬直径和壁厚的曲率)。可见,低于和高于临界值的 λ 值都会使所预测的屈曲曲率增加。与最小临界曲率 κ_C 对应的 λ 即为临界屈曲半波长 λ_C。

提取管道跨中截面的弯矩-曲率($M - \kappa$)和椭圆率($\Delta D/D$)$|_L$变化过程如图 3-4 所示,其中使用的归一化变量为

$$
\begin{cases}
M_0 = \sigma_0 D_0^2 t \\
\kappa_1 = t/D_0^2 \\
D_0 = D - t
\end{cases}
\tag{3-6}
$$

可以看出,外管承载着大部分的弯矩。当内、外管都进入塑性阶段后,弯曲会使内、外管同时发生椭圆化。椭圆率随曲率的增大呈现非线性增长,且内衬比外管的椭圆化程度更大。图 3-4(b)所示为内衬的变形云图[编号与图 3-4(a)相对应],颜色标尺表示两管间的径向距离(Δw)。在①点曲率相对较小的 $0.037\kappa_1$ 处,两管基本上是保持接触的;在曲率为 $0.066\kappa_1$ 的②处,内衬的椭圆化明显超过了外管,引起横截面两端条带状的分离;随着曲率进一步增加到③处的 $0.144\kappa_1$ 和④处的 $0.170\kappa_1$,内衬分离的宽度逐渐增加。在曲率为 $0.185\kappa_1$ 的⑤处,顶部压缩侧开始出现褶皱。箭头(↓)标记的 $\kappa_C = 0.179\kappa_1$ 为所预测的临界屈曲曲率,此时所对应的半波长为 $\lambda_C = 0.246R_L$,屈曲模态如图中⑤所示。从图中可以看出,大约覆盖内衬顶部 $60°$ 的条带区已经发生周期性起皱。其幅值在弯曲平面处达到最大,并在 $\theta \approx \pm 30°$ 处逐渐减小到零。在这个角度以外,内衬与外管仍然接触。可以发现,尽管外管发生了一定程度的塑性变形和椭圆化,但并未发生屈曲和破坏。

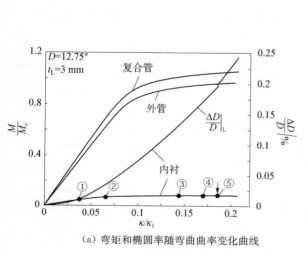

（a）弯矩和椭圆率随弯曲曲率变化曲线

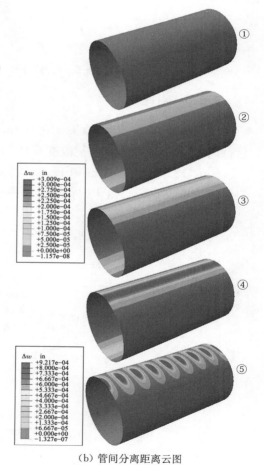

（b）管间分离距离云图

图 3-4　弯曲作用下复合管的塑性分支失稳

此外,基于该方法也对单独内衬壳的弯曲屈曲进行了分支失稳分析。图 3-5(a)为基础算例内衬壳与单独内衬壳的弯矩-曲率响应,图 3-5(b)为相应的椭圆率-曲率响应。可以看出,单独内衬管的弯矩-曲率响应仅略低于前者,但其椭圆化更明显。由于这两种内衬壳的应力状态没有明显差异,标记在 M-κ 响应上的分叉点非常接近。单独内衬壳的 κ_C 只比复合管中内衬壳的 κ_C 低 2%,而 λ_C/R 却高出 4%。值得说明的是,利用塑性失稳分析专用程序 BEPTICO 和 RIBIF(Ju 和 Kyriakides,1991;Kyriakides 等,1994)[22,29]计算得到的临界屈曲结果与上述结果完全一致,这种方法也可以较好地复现上述文献中的试验结果。

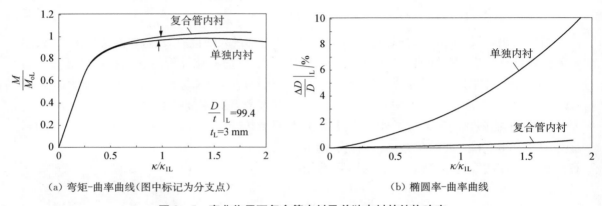

(a) 弯矩-曲率曲线(图中标记为分支点)　　　　(b) 椭圆率-曲率曲线

图 3-5　弯曲作用下复合管内衬及单独内衬的结构响应

3.1.3　对比分析

内衬的塑性分支屈曲取决于它的几何结构和材料性质。为了探索影响程度的大小,通过保持内衬厚度和材料不变,只改变直径,来开展一系列参数研究。文中分别分析了 8.625 in、10.75 in、12.75 in、14.0 in 和 16.0 in 的复合管,径厚比均约为 18.0($D/t \approx 18.0$),外管 X-65 材料参数见表 3-1。由于内衬厚度保持在 3 mm 不变,相应的 $(D/t)|_L$ 分别约为 67.2、83.8、99.4、108.6 和 125.0。

弯曲作用下内衬的临界屈曲应变 ε_C 和相应的半波长 λ_C 随径厚比 D/t 变化的规律如图 3-6

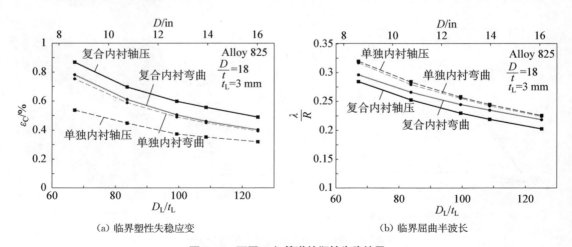

(a) 临界塑性失稳应变　　　　　　　　(b) 临界屈曲半波长

图 3-6　不同 D/t 管道的塑性失稳结果

所示。可见,临界应变从最低$(D/t)|_L$的约 0.78% 变化到最高值的 0.40% 左右,相应的 λ_C 则从 0.296 变为 0.218。图中包括了内衬单独弯曲的临界屈曲结果。与 12 in 算例的情况一样,失稳应变的规律非常接近复合管内衬的情况。另一方面,褶皱波长稍高,最小$(D/t)|_L$ 时增加近 7%,最高$(D/t)|_L$ 时增加约 3%。

此外,图 3-6 中还包括了复合管和单独内衬的临界轴压屈曲结果$(\varepsilon_C, \lambda_C)$,其计算是通过解析解式(6-14)得到的。有关轴压屈曲的分析将在第 6 章详细展开,此处不加赘述。

在所考虑的四种情况中,复合管轴压的内衬临界应变最高,单独内衬轴压的临界应变最低。与弯曲作用下的椭圆化和内衬分离不同,如果内、外管具有相同的泊松比和相似的材料性质,轴压作用下它们会保持接触,这对失稳的发生有延迟作用。因此,对于最低的$(D/t)|_L$,其临界应变比弯曲下的复合管高 11%,对于最高的$(D/t)|_L$,临界应变比弯曲下的复合管高 22%。相比之下,单独内衬壳轴压的临界应变最低。在所考虑的最大和最小$(D/t)|_L$ 情况中,该值比复合管的弯曲结果分别低 31% 和 26%。显然,没有外部约束的圆柱壳在轴压下的屈曲是最危险的情况。然而,另一方面,屈曲半波长的变化却呈现出相反的规律,单独内衬轴压具有最大的波长,但仅略高于纯弯曲情况。复合管内衬的轴压具有最短的波长,而处于弯曲状态的复合管的内衬波长介于两个极值之间。但总体而言,四组 λ_C 之间的差异并不大,因此在后屈曲分析中采用式(3-1)的 λ_C 也可以进行近似计算。

3.2　塑性屈曲及塌陷分析

从上一节的塑性失稳分析可知,当管道受到大幅度的弯曲时,结构横截面发生 Brazier 类型的椭圆化变形。对于石油化工领域常用管道的径厚比(D/t)和材料而言,其屈曲通常发生在塑性范围内。这种椭圆化变形将导致复合管的内、外管产生塑性变形,同时反过来又会导致内衬与外管出现分离。当变形达到一定程度时,内衬的分离部分将发生屈曲并会出现褶皱,这常见于单层管的纯弯曲响应中(Ju、Kyriakides,1991,1992;Corona 等,2006;Kyriakides、Corona,2007;Limam 等,2010)[16,22,24-25,30]。当弯曲曲率继续增大后,将发生类似薄壳结构的经典"钻石模态"。值得指出的是,单层管在轴向荷载下的塑性屈曲也有类似的失稳现象(Tvergaard 1983;Yun、Kyriakides,1990;Kyriakides 等,2005;Bardi、Kyriakides,2006;Bardi 等,2006)[18-20,31-32]。

本节旨在通过数值模拟来厘清导致双金属复合管内衬失效的一系列响应行为,研究影响内衬屈曲塌陷的主要因素,并对现行的延缓内衬塌陷的方法进行评估。双金属复合管的加工过程将导致内、外管材料性能发生变化,产生残余应力和接触应力,这将会对内衬的失稳产生影响。但考虑到加工过程会使建模和分析复杂化,所以通常会被忽视或过度简化处理。在本节中,上述问题将得到纠正,首先模拟机械加工膨胀过程,从而确定内、外管的初始应力状态。随后模拟复合结构弯曲过程,对内、外管发生分离,内衬出现褶皱及局部塌陷进行详细阐述。

3.2.1　液压膨胀成形模拟

本节参照德国生产商 Butting 公司的液压膨胀成形过程展开分析[33-35](Rommerskirchen 等,2005;de Koning 等,2003;Montague,2007)。为方便起见,加工过程的数值模拟均基于轴对称模型。表 3-2 中列出了所选取的 12 in 复合管基础算例的详细参数,图 3-7 所示为加工过程的示意图。

表 3-2　复合管基础模型尺寸及材料参数

参数	D^a/mm	t^a/mm	E^b/GPa	σ_y^b/MPa
外管 X65	323.9	17.9	207	448
内衬 Alloy 825	288.0	3.0	198	276

注:^{a} 最终尺寸,^{b} 名义值。

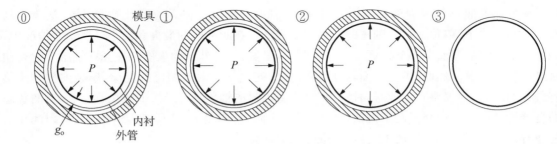

图 3-7　液压成形复合管的主要步骤

图 3-8(a)所示为内压-径向位移($P-w$)响应。P_o 为外管的屈服内压,g_o 为内、外管的初始加工间隙。⓪和①之间,内衬最初发生弹性膨胀,随后进入塑性变形阶段。①时刻,内衬与外管接触,因此结构响应中的刚度明显增加。而后压力迅速增加,直到外管也发生屈服。随后,内、外管进一步发生塑性膨胀,直到外管在②时与刚性模具接触,并随后逐渐卸载(③)。

图 3-8(b)所示为在液压膨胀过程中内、外管的环向应力变化情况。值得注意的是,由于同时施加了与膨胀压力成比例的轴向压力,管道处于双轴应力状态。在⓪和①之间,内衬单独膨胀。在①和②之间,内、外管同时膨胀,衬管的应力出现小幅度下降。最终,结构弹性卸载到③,内、外管均产生残余应力并形成管间接触压力,其中外管的残余应力为拉应力,而内衬为压应力。可明显从图中看出卸载时内、外管的应力水平不同。

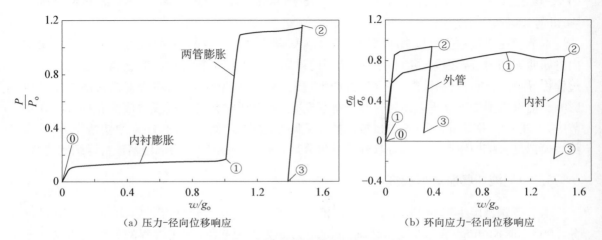

　　(a)压力-径向位移响应　　　　　　　　　　(b)环向应力-径向位移响应

图 3-8　双金属复合管膨胀过程分析

3.2.2　有限元建模

如图 3-9 所示,复合管模型的长度为 L,为了提高计算效率,同样也采用了跨中平面($y-z$)及弯曲平面($x-z$)的对称性假设。外管和内衬的单元类型仍然分别为实体单元 C3D8 和壳体单元 S4。除非特别提及,模型的长度为 $L=20\lambda$。外管在厚度方向有 4 个单元,内、外管在环向均有 108 个单元。此外,模型中引入了沿着轴向渐变的微小初始几何缺陷,便于进行系统参数研究。轴向方向的单元网格有三种密度,如下所示:

$\{0 \leqslant x \leqslant 4\lambda,56$ 个单元$\}$;

$\{4\lambda \leqslant x \leqslant 14\lambda,70$ 个单元$\}$;

$\{14\lambda \leqslant x \leqslant 20\lambda,30$ 个单元$\}$。

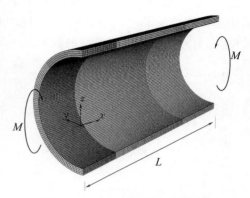

图 3-9　复合管弯曲有限元模型

图 3-10　轴对称和非轴对称几何缺陷

考虑到内衬在弯曲作用下出现了均匀褶皱和钻石屈曲模态,因此向内衬引入如图 3-10 所示的两种类型初始缺陷:①轴对称缺陷,半波长为 λ,幅值为 ω_0;②非轴对称缺陷,轴向半波长为 2λ,环向波数为 m(Koiter,1963)[36],幅值为 ω_m。此外,为使缺陷在 $y-z$ 对称平面附近更集中,采用轴向衰减函数进行控制,具体函数表达式如下:

$$\overline{\omega} = t_L\left[\omega_0\cos\frac{\pi x}{\lambda} + \omega_m\cos\frac{\pi x}{2\lambda}\cos m\theta\right]0.01^{(x/N\lambda)^2}$$

$$(3-7)$$

内、外管之间的接触设置对于本问题极为关键。模型中接触具体设置如下:采用有限相对滑移选项,其中外管作为主面,内衬管作为从面,选择指数函数形式的软接触设置,并假设接触摩擦为零。

如前所述,复合管的加工过程改变了材料性能,并且内、外管存在残余应力和一定的接触应力。总的来说,内、外管材料和初始状态将影响复合结构的力学性能,因此必须在模型中加以考虑。最直接的方法是使用 3D 有限元模型模拟加工过程,但如果将含初始缺陷的内衬放置于膨胀过程中,缺陷基本上都会被清除,这难以形成可控的内衬几何缺陷形状和幅值。因此,加工过程阶段采用轴对称模型单独分析,其中内衬选用壳体单元,外管选用实体单元,且在厚度方向的单元或者积分点数量相同。在加工过程结束时(③),将外管厚度方向的应力、应变和等效塑性应变等变量导入 3D 模型,向其赋予外管厚度方向对应的节点和积分点。同样地,将内衬的应力、应变状态导入 3D 模型。在此过程中,内、外管将产生轻微变形,从而产生接触压力。通过比较轴对称模型和 3D 模型的膨胀过程的应力和变形状态,发现两种模型结果十分接近,从而验证了其准确性。

值得说明的是,初始状态的引入会导致模型中缺陷幅值出现减小。图 3-11 进行了 $\omega_o =$ $\omega_m = 0.05$ 和 $N = 4$ 时缺陷的初始状态和最终状态的对比。图 3-11(a)显示轴对称缺陷在跨中的幅值减少了近 50%。图 3-11(b)显示 $m = 8$ 的非轴对称缺陷在跨中处的幅值减少近 60%,且增加了与外管的接触面积。

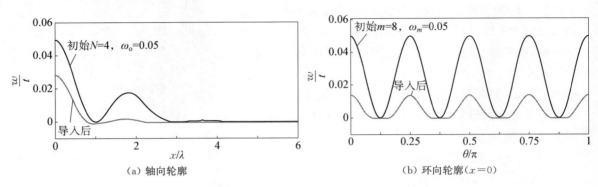

(a) 轴向轮廓 　　　　　　　　　　　(b) 环向轮廓($x = 0$)

图 3-11　引入初始应力前后缺陷轮廓比较

3.2.3　内衬褶皱和塌陷

对于含缺陷复合管的后屈曲分析,采用塑性流动理论更为合适,尤其是考虑到加工历史和其他高度非线性因素。作为对比,首先研究了无缺陷复合管的弯矩-曲率响应和椭圆率变化曲线,如图 3-12(a)所示。图 3-12(b)中展示了与之对应的内衬管变形图,颜色标尺表示管间的接触压力幅值。本算例中,膨胀过程导致内、外管产生约 1.86 MPa 的接触压力。

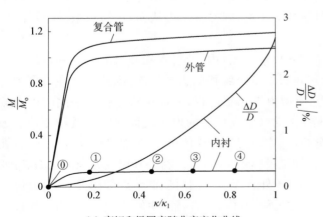

(a) 弯矩和椭圆率随曲率变化曲线 　　　　　(b) 内衬屈曲形变过程及接触压力云图

图 3-12　弯曲作用下基础算例复合管的结构响应

如①所示,弯曲过程使内、外管均出现塑性化和椭圆化,导致内、外管接触压力降低。曲率增加时,内衬的椭圆化程度将超过外管(②),导致在③时横截面上下两端部分内、外管不再接触。在曲率约为 $0.63\kappa_1$ 时(④),受压侧一定长度的无支撑内衬出现周期性褶皱形式的屈曲现象(Vasilikis、Karamanos,2012)[10]。褶皱的幅值会随着曲率的增加而增大。与 3.1 节对比后可以发现,使用塑性流动理论对褶皱-塑性失稳的预测,比塑性形变理论的曲率预测值偏高,这正是著名的"Deformation-Flow Theory Paradox"(Kyriakides、Corona,2007)[16]。

接下来,我们考虑内衬管含有微小初始缺陷的情况,其中 $m=8$,引入的两种类型缺陷的幅值分别为 $\omega_o=1\%$、$\omega_m=6\%$,它们表示的是导入初始应力之前的值。图 3-13(a)所示为复合结构及内、外管单独的弯矩-曲率响应。图 3-13(b)所示为相应的内衬分离距离的变化曲线,$\delta(0)$ 表示内衬跨中受压侧中心点的分离距离。

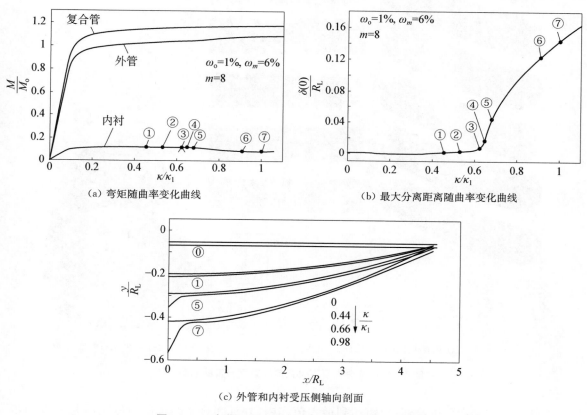

(a) 弯矩随曲率变化曲线　　　　　　　(b) 最大分离距离随曲率变化曲线

(c) 外管和内衬受压侧轴向剖面

图 3-13　弯曲作用下含几何缺陷复合管的结构响应

图 3-14(a)所示为两组变形云图,编号与图 3-13 对应。从弯矩-曲率关系来看,响应结果与无缺陷结构具有相同的趋势。但在②附近,轴对称缺陷在内衬中心部分开始发展出小幅度的褶皱。在点③和④时,褶皱的幅度有所增长,分离距离也同样增大。这进一步降低了内衬的刚度,并在 $\kappa=0.623\kappa_1$ 时达到最大弯矩(在图中用符号"^"标记)。这标志着褶皱开始出现局部集中,同时这也激发了非轴对称部分的缺陷。在⑤时,内衬上出现了"钻石模态",导致内衬与外管的分离距离 $\delta(0)$ 在此时急剧上升。在更高的曲率⑥和⑦下,屈曲形态变得更为突

出。图 3-14(b)所示为内衬在 $\kappa = 1.0\kappa_1$ 时的屈曲模态三维图,可见大幅度的内鼓屈曲将对管道的正常运行带来不利影响。另外,图 3-13(c)中展示了内、外管在不同弯曲程度时的轴向轮廓,可以看出,在点⑤和点⑦时管道跨中附近的分离程度已经非常显著。

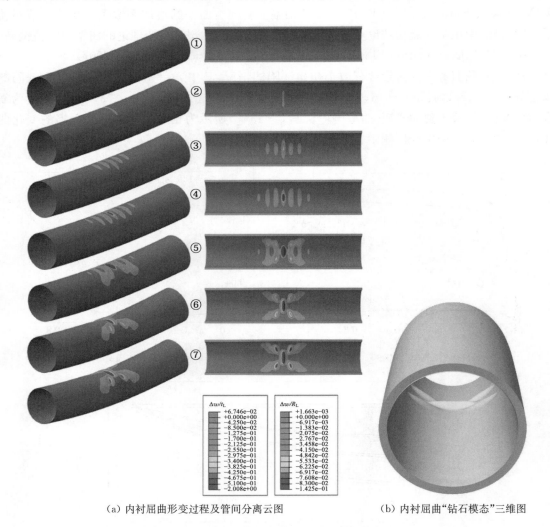

（a）内衬屈曲形变过程及管间分离云图　　　　　　　（b）内衬屈曲"钻石模态"三维图

图 3-14　弯曲作用下含几何缺陷复合管的屈曲演化

从上述结果中可以看到,弯矩达到最大值和内、外管间分离距离的急剧上升是基本同步的,我们将这一时刻所对应的曲率定义为临界塌陷曲率。另外,经过与全尺寸弯曲试验(Hilberink,2010,2011)[2-4]对比发现,所模拟的复合管发生褶皱和塌陷的屈曲演化过程与试验结果十分吻合。

3.3　参数分析

上述算例中我们只考虑了 12 in 复合管的基础算例参数,即径厚比 $D/t \approx 18$ 的外管和

3 mm 厚的耐腐蚀内衬。因此,在本节我们将进行更广泛的参数分析来探究可能影响内衬塌陷的其他因素。

3.3.1　几何缺陷敏感性分析

由于计算中使用的缺陷幅值 ω_o 和 ω_m 不能完全反映真实情况,为全面理解缺陷对内衬塌陷的影响,本节基于 12 in 复合管,对上述两类缺陷进行敏感性分析。图 3-15 所示为固定 ω_m 和 m 值,在不同 ω_o 下,内衬弯矩-曲率响应和最大分离距离-曲率响应。内衬最大弯矩和内、外管分离距离突然增长时刻的曲率与内衬塌陷再次显示出明显的相关性。可见,内衬塌陷对轴对称缺陷的幅值 ω_m 极为敏感。需要特别指出的是,所标注的轴对称缺陷幅值仅为 $0.02t_L$,即 0.06 mm,该值明显小于典型无缝管制造过程所留下的内表面缺陷。

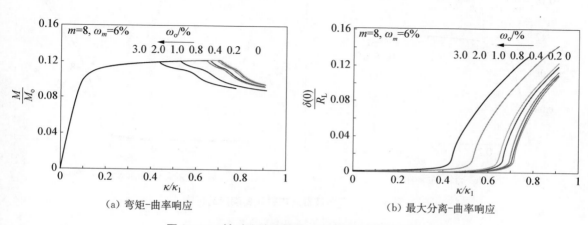

(a) 弯矩-曲率响应　　　　　　　　(b) 最大分离-曲率响应

图 3-15　轴对称缺陷幅值对内衬弯曲响应的影响

同样地,在保持 ω_o 和 m 恒定的情况下,考虑不同的 ω_m 的影响。图 3-16 展示了 $0 \leqslant \omega_m \leqslant 0.06$ 的计算结果。虽然这些值比图 3-15 中的 ω_o 值稍大,但是可以看出,内衬的塌陷

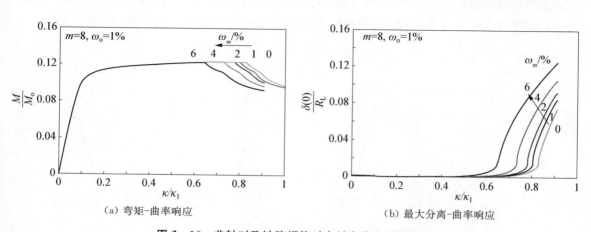

(a) 弯矩-曲率响应　　　　　　　　(b) 最大分离-曲率响应

图 3-16　非轴对称缺陷幅值对内衬弯曲响应的影响

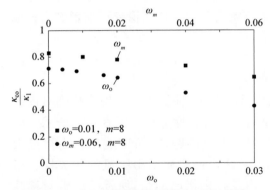

图 3 - 17　塌陷曲率对轴对称(ω_o)和非轴对称的敏感性(ω_m)缺陷幅值

对非轴对称性缺陷也同样十分敏感。这两组的内衬塌陷曲率 κ_{co} 与各自幅值的关系曲线如图 3 - 17 所示。结果表明,虽然内衬塌陷对两缺陷类型都很敏感,但相比之下轴对称缺陷影响更大。

此外,本节也改变 m 值来研究该参数对内衬塌陷的影响。基于基础算例参数和相同的缺陷幅值,图 3 - 18 所示为三组不同 m 值情况下内衬弯矩-曲率和最大分离距离-曲率的响应。

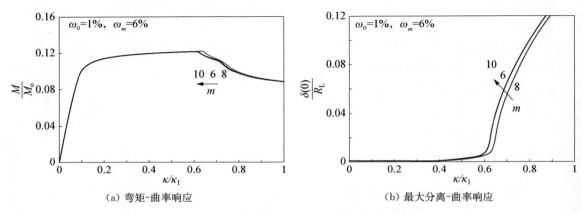

（a）弯矩-曲率响应　　　　　　（b）最大分离-曲率响应

图 3 - 18　环向波数对内衬弯曲响应的影响

另外,上述计算中使用的轴对称缺陷的半波长为弹性理论值 λ_e,更准确的值只能通过 3.1 节中的塑性分支屈曲分析确定。为测试内衬塌陷对半波长的敏感性,针对 $0.8\lambda_e$ 和 $1.2\lambda_e$ 两组输入情况进行了分析,结果如图 3 - 19 所示,可以看出内衬的塌陷曲率对所选范围内的 λ 值不敏感。总结缺陷敏感性研究的结果,容易发现,内衬对制造过程产生的内衬微小初始几何缺陷非常敏感。因此,建议工业界寻求方法,量化外管和复合管产品的缺陷幅值,并尽可能在制造过程中减少产品缺陷。

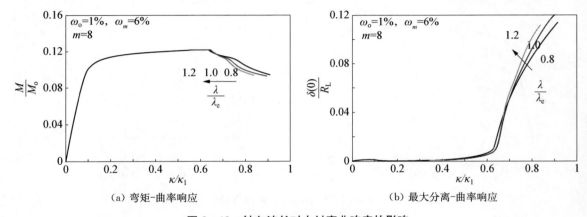

（a）弯矩-曲率响应　　　　　　（b）最大分离-曲率响应

图 3 - 19　轴向波长对内衬弯曲响应的影响

3.3.2　基/衬装配间隙

如第 2 章所述,在复合管加工过程中,为便于安装,内衬直径应略小于外管内径。在这一节中,我们研究两管之间的装配间隙 g_o 对内衬塌陷的影响。为此,我们模拟基础算例的加工过程,改变内衬直径,保持其他参数不变,从而获得不同装配间隙。图 3-20 所示为不同 g_o 情况下内、外管归一化环向应力-径向位移曲线,其中 4 个 g_o 值分别为 $0.5g_{ob}$、$1.0g_{ob}$、$1.5g_{ob}$、$2.0g_{ob}$,其中 g_{ob} 为基础算例间隙。可见,随着间隙的增加,内衬需要经历更大的变形才能与外管接触,这一过程使内衬塑性化的程度不断增加。衬管的最大应力时刻对应于初次接触外管,随后的较低应力段则对应于两管同时膨胀阶段。当压力卸载时,两管中残余环向应力随着 g_o 的增加而减小。当然,残余应力与两管之间的接触应力直接相关。由于环形间隙会影响两管之间的接触应力,因此所赋予内衬的初始缺陷存在不同程度折减。针对四种不同 g_o 情况,改变 ω_o 和 ω_m 的初始值,从而使缺陷的最终幅值为 $0.025\,5t_L$。

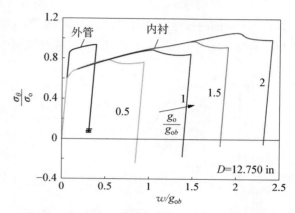

图 3-20　不同装配间隙下环向应力-径向位移响应

图 3-21 所示为四种复合管的弯曲计算结果。其中,图 3-21(a)所示为内衬弯矩-曲率响应,图 3-21(b)所示为相应的最大分离距离-曲率结果。虽然内衬的总体力学行为是相似的,但可以明显看出,g_o 增加将导致内衬的塌陷曲率减小。该参数对内衬弯曲完整性的影响较为突出,所选取的最大间隙的塌陷曲率相比于最小间隙情形减小超过 50%。内衬塌陷曲率的变化敏感性表明,在实际可行的范围内,应尽量减小 g_o 值。这就对内衬和外管的制造提出了更严格的要求,需尽可能提高管道的直度和圆度。另外,还可以观察到,增加 g_o 会提高内衬承载的弯矩,这是内衬膨胀程度增加导致的材料应变强化的直接结果。

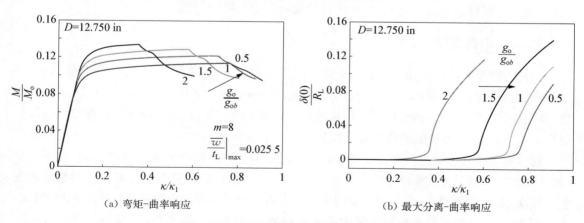

（a）弯矩-曲率响应　　　　　　　　（b）最大分离-曲率响应

图 3-21　装配间隙对内衬弯曲响应的影响

3.3.3　管道直径

我们考虑四种不同直径外管的复合管系统，并保持外管 $D/t \approx 18.0$ 不变。此外，内衬厚度保持 $3\,\mathrm{mm}$，内、外管材料与基础算例相同，并向每个复合管引入相似的缺陷。由于直径不同，膨胀过程在不同程度上改变了初始缺陷。因此，为了更系统地比较初始缺陷对内衬塌陷的影响，需要将不同管径的缺陷设置为不同的幅值，从而将膨胀后 w/R_L 的最大值控制在 0.778×10^{-3}。

图 3-22 的弯曲结果显示了外径为 8.625 in、10.75 in、12.75 in 和 14.0 in（图中指定为 8 in、10 in、12 in、14 in）的内衬弯矩-曲率和最大分离-曲率响应。在这些图中，归一化变量为 $\kappa_{1b} = (t/D_o^2)|_b$ 和 $M_{ob} = (\sigma_o D_o^2 t)|_b$，其中下标"b"表示基础算例中的变量，即表 3-2 中 12 in 管道系统的变量。

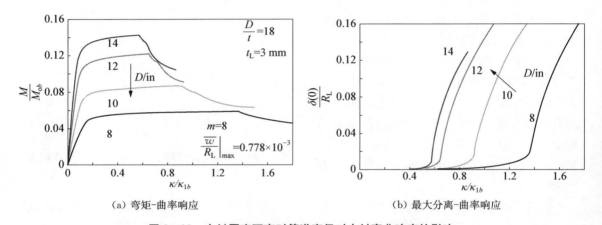

（a）弯矩-曲率响应　　　　　　　　（b）最大分离-曲率响应

图 3-22　内衬厚度不变时管道直径对内衬弯曲响应的影响

可以看到，随着管道直径的增加，内衬承载的弯矩也在增加。弯曲导致内衬与外管分离，随之发展出周期性褶皱，并且幅值将逐渐增大，在某一时刻非轴对称缺陷激发并导致内衬塌陷。塌陷与图 3-20（a）中弯矩最大值和图 3-20（b）中分离距离的 $\delta(0)$ 迅速上升的拐点有关。显然，在内衬塌陷之前，随着管径的减小，复合管可以弯曲到更大的曲率。这是由于随着 D 的减小，$R_\mathrm{L}/t_\mathrm{L}$ 同样减小，在弯曲过程中内衬的轴向应力也随之降低。

3.3.4　内衬壁厚

内衬的壁厚对其弯曲稳定性起着关键性的作用，本节我们仍然采用 12 in 复合管系统，并分别考虑内衬管为 2.0 mm、2.5 mm、3.0 mm、3.5 mm、4.0 mm 和 4.5 mm 情况，共 6 种厚度，其他参数保持不变。内衬初始几何缺陷仍由式（3-6）定义，根据式（3-1）计算每种壁厚值对应的半波长 λ，并将缺陷的最终幅值控制在 $\overline{w}/R_\mathrm{L} \approx 0.778 \times 10^{-3}$。

在分别对各复合管进行弯曲模拟加载后，得到内衬弯矩-曲率和最大分离距离-曲率响应（图 3-23）。结果表明：增加内衬的厚度会增加内衬承载的弯矩，同时也会延缓内衬塌陷的发生。然而，需要注意的是，由于复合管的成本很大程度上受耐腐蚀内衬材料成本的影响，因此，本文所述的 t_L 增加所带来的塌陷曲率的改善必须与产品成本的相应增加进行权衡后决定。在全面的性价比分析后，设计选择最佳的内衬厚度。

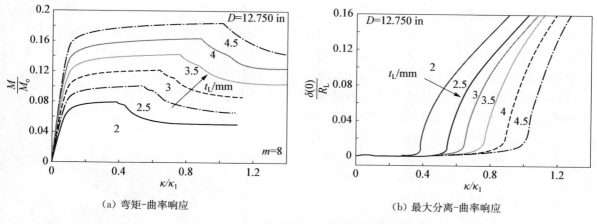

(a) 弯矩-曲率响应 (b) 最大分离-曲率响应

图 3 - 23 内衬壁厚对内衬弯曲响应的影响

3.3.5 内压

在卷管过程中如何延迟内衬屈曲和塌陷始终是业内关注的重点,其中对管道进行内部加压的方法备受多方关注(Endal 等,2008;Toguyeni、Banse,2012;Montague 等,2010)[5,8,37]。这需要在卷曲过程中用可移动清管器逐段隔离,并施加足够的压力来完成。当管道与卷筒接触后,其中一个清管器就会移动到邻近的管段上,然后对其加压,而后继续卷管(Mair 等,2013;Howard、Hoss,2011)[38-39]。通过施加内压来延缓弯曲作用下圆柱壳的屈曲也在单层管道中得到过研究(Mathon、Limam,2006;Limam 等,2010)[25,40]。

为了评估内压延缓内衬塌陷的有效性,现将 12 in 复合管在不同内压下进行弯曲。图 3-24 所示为基础算例及三个内压水平下的弯曲结果,即为 2.07 bar、3.45 bar 和 6.9 bar。虽然在加压前后内衬的力学行为总体相似,但是,即使这种较低水平的内压也会对内衬产生稳定作用,延缓内衬的塌陷。当施加内压为 $P=6.9$ bar 时,内衬在 $2\kappa_1$ 的曲率变形情况下(最大弯曲应变约为 5%)仍保持稳定。

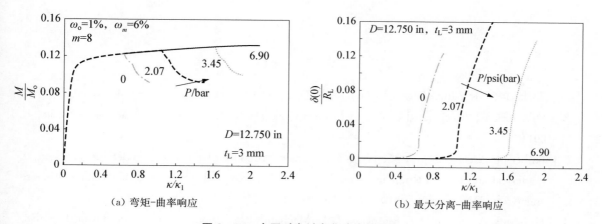

(a) 弯矩-曲率响应 (b) 最大分离-曲率响应

图 3 - 24 内压对内衬弯曲响应的影响

为进一步阐述施加内压的影响,选取 3.2 节中完善几何的复合管,在内压为 3.45 bar 的情况下再次弯曲。图 3 - 25(a)所示为内、外管在 $1.9\kappa_1$ 曲率范围内的弯矩-曲率和椭圆率-曲率响应。值得注意的是,最大弯矩出现在 $\kappa = 1.33\kappa_1$ 处。当弯曲程度超过这一曲率后,一般会出现局部椭圆化现象。但所分析的管道相对较短,使其能够继续弯曲。图 3 - 25(b)所示为内衬变形云图,颜色标尺代表内衬与外管的接触压力。在弯曲过程的开始阶段的①时刻,接触压力约为 1.86 MPa(300 psi),且均匀分布。在②时,$\kappa = 0.636\kappa_1$,两管保持接触,但在截面的应力最大区域接触压力降低。在③时,$\kappa = 1.09\kappa_1$,接触压力已非常小。在④时,$\kappa = 1.54\kappa_1$,内管与外管部分分离。在⑤时,$\kappa = 1.82\kappa_1$,内衬出现褶皱。将此结果与图 3 - 12 中未加压情况比较,可以观察到,未加压情况下,曲率为 $0.636\kappa_1$ 时,内衬已经与外管分离,并且在 $\kappa = 0.818\kappa_1$ 时出现褶皱。很明显,即使内压较小,其延迟内衬与外管分离的作用也十分明显。相应地,这也将推迟褶皱及塌陷的出现。

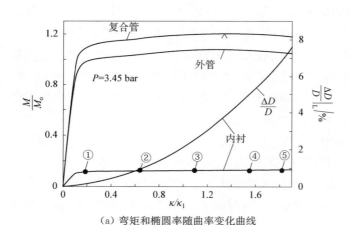

(a) 弯矩和椭圆率随曲率变化曲线　　　　(b) 内衬变形过程及接触压力云图

图 3 - 25　内压 3.45 bar 下无缺陷复合管结构的弯曲响应

参 考 文 献

[1] Focke E S. Reeling of tight fit pipe [D]. Delft: Delft University of Technology, 2007.

[2] Hilberink A. Mechanical behaviour of lined pipe [D]. Delft: Delft University of Technology, 2011.

[3] Hilberink A, Gresnigt A M, Sluys L J. Liner wrinkling of lined pipe under compression: a numerical and experimental investigation [C]//International Conference of Ocean, Offshore and Arctic Engineering, 2010, OMAE2010 - 20285.

[4] Hilberink A, Gresnigt A M, Sluys L J. Mechanical behaviour of lined pipe during bending: numerical and experimental results compared [C]//International Conference of Ocean,

Offshore and Arctic Engineering，2011，OMAE2011 - 49434.

［ 5 ］ Montague P，Walker A，Wilmot D. Test on CRA lined pipe for use in high temperature flowlines［C］//Offshore Pipeline Technology Conference，2010：24 - 25.

［ 6 ］ Wilmot D，Montague P. The suitability of CRA lined pipes for flowlines susceptible to lateral buckling［C］//SUT Global Pipeline Buckling Symposium，2011：1 - 13.

［ 7 ］ Tkaczyk T，Pépin A，Denniel S. Integrity of mechanically lined pipes subjected to multi-cycle plastic bending［C］//International Conference of Ocean，Offshore and Arctic Engineering，2011：OMAE2011 - 49270.

［ 8 ］ Toguyeni G，Banse J. Mechanically lined pipe：installation by reel-lay［C］//Offshore Technology Conference，2012：23096.

［ 9 ］ Vasilikis D，Karamanos S A. Buckling of double-wall elastic tubes under bending［C］//9th HSTAM International Congress on Mechanics，2010.

［10］ Vasilikis D，Karamanos S A. Mechanical behavior and wrinkling of lined pipes［J］. International Journal of Solids and Structures，2012，49：3432 - 3446.

［11］ Yuan L，Kyriakides S. Wrinkling of lined pipe under bending［C］//International Conference of Ocean，Offshore and Arctic Engineering，2013：OMAE2013 - 11139.

［12］ Yuan L，Kyriakides S. Liner wrinkling and collapse of bi-material pipe under bending［J］. International Journal of Solids and Structures，2014，51(3 - 4)：599 - 611.

［13］ Yuan L，Kyriakides S. Plastic bifurcation buckling of lined pipe under bending［J］. European Journal of Mechanical-A Solids，2014b，47：288 - 297.

［14］ Batdorf S B. Theories of plastic buckling［J］. Journal of the Aeronautical Sciences，1949，16(7)：405 - 408.

［15］ Hutchinson J W. Plastic buckling［J］. Advances in Applied Mechanics，1974，14：67 - 144.

［16］ Kyriakides S，Corona E. Mechanics of Offshore Pipelines：Volume 1 Buckling and Collapse［M］. Amsterdam：Elsevier，Oxford，UK and Burlington，Massachusetts，2007.

［17］ Peek R. Axisymmetric wrinkling of cylinders with finite strain［J］. Journal of Engineering Mechanics，2000，126(5)：455 - 461.

［18］ Kyriakides S，Bardi F C，Paquette J A. Wrinkling of circular tubes under axial compression：effect of anisotropy［J］. Journal of Applied Mechanics，2005，72(2)：301 - 305.

［19］ Bardi F C，Kyriakides S. Plastic buckling of circular tubes under axial compression-part I：Experiments［J］. International Journal of Mechanical Sciences，2006，48(8)：830 - 841.

［20］ Bardi F C，Kyriakides S，Yun H D. Plastic buckling of circular tubes under axial compression-part II：Analysis［J］. International Journal of Mechanical Sciences，2006，48(8)：842 - 854.

［21］ Paquette J A，Kyriakides S. Plastic buckling of tubes under axial compression and internal pressure［J］. International Journal of Mechanical Sciences，2006，48(8)：855 - 867.

［22］ Ju G T，Kyriakides S. Bifurcation buckling versus limit load instabilities of elastic-plastic tubes under bending and external pressure［J］. ASME Journal of Offshore Mechanics and Arctic Engineering，1991，113：43 - 52.

［23］ Peek R. Wrinkling of tubes in bending from finite strain three-dimensional continuum theory

[J]. International Journal of Solids and Structures, 2002,39(3):709 – 723.

[24] Corona E, Lee L H, Kyriakides S. Yield anisotropy effects on buckling of circular tubes under bending [J]. International Journal of Solids and Structures, 2006,43(22):7099 – 7118.

[25] Limam A, Lee L H, Corona E, et al. Inelastic wrinkling and collapse of tubes under combined bending and internal pressure [J]. International Journal of Mechanical Sciences, 2010,52(5):637 – 647.

[26] Peek R, Hilberink A. Axisymmetric wrinkling of snug-fit lined pipe [J]. International Journal of Solids and Structures, 2013,50(7/8):1067 – 1077.

[27] Lee L. Inelastic buckling of initially imperfect cylindrical shells subject to axial compression [J]. Journal of the Aerospace Sciences, 1962,29(1):87 – 95.

[28] Batterman S C. Plastic buckling of axially compressed cylindrical shells [J]. AIAA Journal, 1964,43(1):62.

[29] Kyriakides S, Dyau J Y, Corona E. Pipe collapse under bending, tension and external pressure (BEPTICO) [R]. Computer Program Manual, University of Texas at Austin, Engineering Mechanics Research Laboratory Report, 1994(94/4).

[30] Ju G T, Kyriakides S. Bifurcation and localization instabilities in cylindrical shells under bending-part II. Predictions [J]. International Journal of Solids and Structures, 1992,29(9):1143 – 1171.

[31] Tvergaard V. On the transition from a diamond mode to an axisymmetric mode of collapse in cylindrical shells [J]. International Journal of Solids and Structures, 1983,19(10):845 – 856.

[32] Yun H, Kyriakides S. On the beam and shell modes of buckling of buried pipelines [J]. Soil Dynamics and Earthquake Engineering, 1988,9(4):179 – 193.

[33] Rommerskirchen I. New progress caps 10 years of work with BuBi pipes [J]. World Oil, 2005,226(7):69 – 70.

[34] De Koning A C, Nakasugi H, Li P. TFP and TFT back in town (Tight Fit CRA lined Pipe and Tubing) [J]. Stainless Steel World, 2004,16(1/2):53 – 61.

[35] Montague P. Production of clad pipes: US20070132228A1 [P]. 2007 – 06 – 14.

[36] Koiter W T. The effect of axisymmetric imperfections on the buckling of cylindrical shells under axial compression [J]. Proceedings of the Koninklijke Nederlandse Akademie van Wetenschappen, 1963,66:265 – 279.

[37] Endal G, Levold E, Ilstad H. Method for laying a pipeline having an inner corrosion proof cladding: EP2092160B1 [P]. 2011 – 11 – 16.

[38] Mair J A, Schuller T, Holler G, et al. Reeling and unreeling and internally clad pipeline: US20130034390A1 [P]. 2013.

[39] Howard B, Hoss J L. Method of spooling a bi-metallic pipe: US10392219B2 [P]. 2019 – 08 – 27.

[40] Mathon C, Limam A. Experimental collapse of thin cylindrical shells submitted to internal pressure and pure bending [J]. Thin-Walled Structures, 2006,44(1):39 – 50.

第 4 章

含环焊缝双金属
复合管的弯曲
屈曲与塌陷

双金属复合管的长期安全运营离不开各管段间可靠、有效的连接。对于油气输运管网而言，一般采用焊接的方式进行复合管道的连接，而焊接工艺和质量则构成了管线系统的关键一环。双金属复合管的焊接涉及内衬耐腐蚀合金和外部碳钢两种材料，属于异种金属焊接。假如焊接不当，内外层金属与腐蚀性介质接触，则会造成较严重的快速电化学反应，极易导致复合管道的腐蚀穿孔与泄漏失效[1]。

在《内覆或衬里耐腐蚀合金复合管规范》（API 5LD—2015）中，对机械双金属复合管的焊接进行了说明。经过多年探索和应用，复合管的焊接技术已相对较为成熟，一些全自动 TIG 等焊接工艺陆续研发成功，如图 4 - 1 所示的全自动 GMAW 焊接设备。德国复合管生产商 Butting 公司在复合管焊接方面的技术始终处于较为领先的位置[2]。图 4 - 2 所示为 Butting 公司参与的某项目中环焊焊接的设计，将两个 BUBI® 管端 50 mm 的内衬金属层去除后，采用一种耐腐蚀合金焊接材料，同时对内衬和外管进行焊接。通过这种连接形式，内衬管的边缘被连接到外管，能够保障良好的焊接质量。

图 4 - 1　全自动 GMAW 焊接工艺

图 4 - 2　典型双金属复合管环焊焊接剖面图[1]

本章主要围绕环焊缝对复合管弯曲性能的影响进行研究。如第 3 章所述，在弯曲作用下，衬管更容易发生椭圆化，并与较厚的外管出现部分脱离现象。但是，环焊缝和堆焊势必对内衬在此过程中的分离产生约束，这种干扰可能对内衬的屈曲和塌陷构成影响。本章基于复合管纯弯曲分析数值模拟框架，对其进行适当扩展，在模型中施加用于模拟焊缝的边界约束，从而来研究环焊缝对内衬塌陷的影响。此外,比较含环焊缝内衬与无焊缝但含缺陷内衬的复合管屈曲响应,并结合工程实际对影响含环焊缝内衬发生塌陷的因素进行分析。

4.1　数值模拟

4.1.1　有限元模型

对于含环焊缝的弯曲模型而言,该模型总长为 $2L$,外径为 D,内、外管的厚度分别为 t 和 t_L。为研究焊缝带来的扰动影响,对环焊缝进行简化处理,通过 MPC 约束将该位置的内衬边缘与外管端部节点绑定。另外,经过计算对比发现,是否将 50 mm 的堆焊区域建入模型对内衬塌陷的影响较小[1],因此在本节展示的内容中对堆焊区域予以忽略。考虑到几何对称性,在模型中采用了两组对称面,所建立的四分之一管道结构模型如图 4-3 所示。

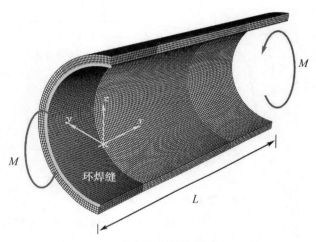

图 4-3　含环焊缝复合管的有限元模型

外管的单元类型采用 8 节点线性实体单元 C3D8,内衬选用 4 节点线性壳单元 S4。除非另有说明,模型的半长 $L=2.30D$。外管在厚度方向有 4 个单元,同时两管在环向分配 108 个单元。由于环焊缝提供的径向约束会引起局部扰动,所以在靠近 y-z 对称平面的轴向区域赋予更细的网格,如下所示:

(1) $0 \leqslant x \leqslant 0.46D$,56 个单元。

(2) $0.46D \leqslant x \leqslant 1.61D$,70 个单元。

(3) $1.61D \leqslant x \leqslant 2.30D$,30 个单元。

通过将 $x=0$ 处的壳单元节点绑定到实体单元的最内侧,来模拟环焊缝的约束作用。采用 ABAQUS 的有限滑移选项,设置外管为主面,内衬为从面。此外,在对不同摩擦系数情况进行分析后,发现摩擦影响较小,因此模拟中设定摩擦系数为零。复合管的弯曲加载是通过在远端 $x=L$ 平面施加转角来实现的。

4.1.2　含环焊缝管道的褶皱和塌陷

本节以 12 in 复合管为基础算例,对环焊缝的具体影响和屈曲演化特征进行说明。所用到的复合管的几何参数和材料参数见表 4-1。图 4-4 所示为复合管、外管以及内衬的弯矩-曲率(M-κ)响应。其中,归一化参数分别为 $M_0=\sigma_0 D_0^2 t$、$\kappa_0=t/D_0^2$、$D_0=D-t$,均基于外管参数确定。

表 4 - 1　复合管的主要几何和材料参数

参数	D^a/mm	t^a/mm	E^b/GPa	$\sigma_y{}^b$/MPa
外管 X65	323.9	17.9	207	448
内衬 Alloy 825	288.0	3.0	198	276

注:^{a} 最终尺寸,^{b} 名义值。

（a）复合管、内衬和外管的弯矩-曲率响应　　　　（b）最大分离-曲率响应

图 4 - 4　复合管、内衬和外管的弯矩及最大分离-曲率响应

　　环焊缝扰动引起的轴向分离形貌如图 4 - 5 所示,图中给出了不同曲率时刻内衬与外管之间的分离形貌,所选取位置为图 4 - 3 中内衬受压侧的顶部。可以看出,扰动的形式为周期性轴向褶皱,且幅值呈指数型衰减,这与端部约束或点载荷作用所引起的薄壳边界效应相似。为方便起见,轴向距离 x 采用波长特征值 $\sqrt{R_L t_L}$ 做归一化处理。值得注意的是,通过量取内衬产生的轴向波长,发现波长为 $1.93\sqrt{R_L t_L}$,这与第 3 章 3.1 节中的塑性失稳波长 $1.73\sqrt{R_L t_L}$ 存在一定的差异。如果将单独内衬的弯曲和轴压屈曲波长也进行这种归一化处理,可以发现换算后分别为 $1.80\sqrt{R_L t_L}$ 和 $1.73\sqrt{R_L t_L}$。

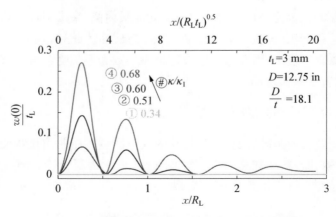

图 4 - 5　含环焊缝内衬受压区域沿轴向的分离形貌

图 4-6(a)所示为所选的内衬屈曲形变过程，不同颜色代表了内、外管之间的分离程度。可以看出，不断增大的曲率使得复合管逐渐在拉、压侧出现部分分离的现象。然而，环焊缝约束阻止内衬发生这种差异性的变形，该约束在内衬的拉压侧势必将引起轴向周期性扰动。值得说明的是，由于跨中约束的存在，两管分离的最大幅值出现在焊缝两侧，图 4-4(b)中绘制的分离距离 δ_{max} 随曲率变化就是取自该处。

(a) 含环焊缝内衬屈曲形变过程及管间分离云图　　　　(b) 屈曲内衬的三维图

图 4-6　含环焊缝复合管的弯曲屈曲现象

我们现在结合整体结构响应和内衬的屈曲演化过程详细分析一下环焊缝所带来的影响。如图 4-6(a)所示，当处于点②的 $0.51\kappa_1$ 曲率时，只有在靠近"焊缝"处出现了小幅褶皱。当曲率加载到③时刻，原有的褶皱深度增加（δ_{max} 出现增长），同时旁边的褶皱也开始变得清晰。当曲率进一步增大时（图④），分离距离继续增加，并出现了更多的褶皱，原有的褶皱也变得更加显著。在到达点④之后不久，内衬的弯矩在曲率为 $0.716\kappa_1$ 时达到最大值。随后，变形开始呈现局部化特征(点⑤),最靠近"焊缝"的褶皱幅值迅速增长,这可以从图4-4(b)中δ_{max}曲线的陡增趋势看出。同时,以多个环向波为特征的"钻石"屈曲模态在点⑥时刻开始出现,并在点⑦曲率时变得更加明显。由于分离距离的幅值显著增加,图中采用了两组颜色标尺绘制。在图4-6(b)中绘制的是曲率为$1.03\kappa_1$时复合管的结构形态。值得注意的是,这种塌陷模式与第3章的计算结果有一定相似性(图3-14),也与Hilberink等[6-7]在全尺寸弯曲试验中记录的内衬图像相符合。这种大幅塌陷和内鼓使得整体结构发生失效,将最大弯矩时和分离距离急剧上升时的曲率定义为临界塌陷曲率κ_{co}。虽然这一时刻的外管也发生了塑性变形,但它没有发生屈曲现象,仍然处于完好结构状态。

综上所述,本节观察到的现象与第3章中无焊缝复合管的塌陷情况相似。在理想完善几何复合管结构中,褶皱是因为发生塑性分支失稳而出现的,而在实际结构中,褶皱是由较小的初始几何缺陷触发的。相比之下,在环焊缝附近的褶皱则是由焊缝带来的约束所引起的。在这两种情况下,褶皱的幅值都随曲率增加而增大,并且在某一时刻出现局部化变形,导致褶皱的幅值迅速增长。同时,形成"钻石"屈曲模态,进而导致结构的灾难性塌陷。值得说明的是,本文还针对含有50 mm堆焊设计的复合管(图4-7)进行了弯曲计算,但发现并未带来任何明显影响。因此,在后面的参数分析中将不考虑堆焊区域。

图4-7　含堆焊和环焊缝复合管的内衬屈曲形态

4.2　等效几何缺陷分析

在第3章对无环焊缝复合管的研究中,将轴对称模态和含m个环向波的非轴对称模态相结合,作为初始几何缺陷引入内衬[3-4],并随后研究了弯曲作用下内衬的屈曲演化过程。

$$\overline{w}=t_L\left[\omega_o\cos\frac{\pi x}{\lambda}+\omega_m\cos\frac{\pi x}{2\lambda}\cos m\theta\right]0.01^{(x/N\lambda)^2} \tag{4-1}$$

在这里,作为特征半波长的λ通常取自塑性失稳的分析结果,而两种类型的几何缺陷幅值$\{\omega_o,\omega_m\}$则是通过内衬壁厚t_L做归一化处理后的数值。结果表明,内衬的塌陷曲率受几何缺陷幅值影响极大,但对m的依赖性较小。本节沿用这种分析方法,来探索与环焊缝等效的内衬几何缺陷。在环焊缝复合管中不会包含任何几何缺陷,扰动完全由焊缝约束提供。在这两类分析中,复合管结构都将考虑由加工过程造成的初始应力状态和残余接触应力。

考虑到两种模态的不同幅值组合情况,选取了 3 组 ω_o 和 5 组 ω_m,具体塌陷曲率已列在表 4－2 中。图 4－8 中展示了代表性组合与含环焊缝弯矩-曲率响应结果的对比分析,其中 $\omega_o=0.02$,ω_m 为 0.01 和 0.02。含环焊缝算例的塌陷曲率用符号"∧"标记,出现在 $0.716\kappa_1$ 时刻。含缺陷复合管的塌陷曲率用"↓"标记。可以看出,环焊缝对应的塌陷曲率介于这两组几何缺陷的结果之间。当然,从表 4－2 中可以看出,这些几何缺陷值的组合并不是唯一的,还存在其他幅值的组合。但是,从上述分析中仍可以看出环焊缝对内衬塌陷干扰的严重程度。

表 4－2　不同 ω_o 和 ω_m 缺陷幅值组合情况的塌陷曲率

ω_m	ω_o		
	0.006	**0.01**	**0.02**
0.01	—	—	0.727
0.02	—	—	0.704
0.03	—	0.719	—
0.04	0.719	0.704	—
0.05	0.692	—	—

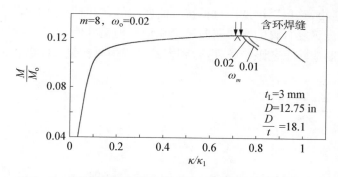

图 4－8　含环焊缝内衬和含缺陷内衬的弯矩-曲率响应对比

4.3　参数分析

本节将围绕影响含环焊缝复合管塌陷的其他参数进行敏感性分析,其中包括装配间隙参数、管径、内压及内衬的壁厚。

4.3.1　基/衬装配间隙

本小节将分析内衬与外管之间的装配间隙 g_o(图 3－7 中的①)对弯曲作用下含环焊缝复合管稳定性的影响。一共选取 4 个装配间隙 g_o/g_{ob} 值,并分别进行了膨胀模拟(g_{ob} 为基础算例中使用的值)。图 4－9 为内、外管的环向应力变化曲线。结果表明,增大环形间隙会增加内衬的变形和硬化,使内衬卸载时刻的应力增大。当卸载时刻的两管的应力差降低时,卸压后管间的残余接触应力将会减小。

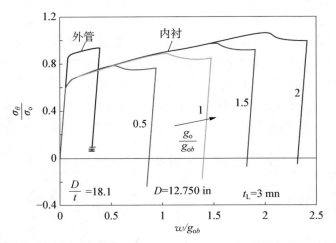

图 4-9　不同装配间隙下双金属复合管膨胀过程的应力-位移响应

图 4-10 所示为不同装配间隙参数情况下的结构响应,包括 M-κ 曲线及 $\delta_{\max}$-κ 曲线。可以看出,增大装配间隙会提高内衬承载的弯矩,但同时也减小了弯矩极值时的曲率,即 κ_{co}。上述趋势与膨胀过程引起的额外变形和应变强化直接相关。结果表明,如果能够使得装配间隙 g_o 的尺寸尽可能小,是可以增加内衬抵抗弯曲屈曲的,弯曲塌陷曲率将会一定程度的增大。这一结论与不含有焊缝复合管的弯曲屈曲结论相似。但需注意的是,减小装配间隙还需要充分考虑实际复合管制造的工艺限制条件,否则容易出现内衬在置入时破损的现象。

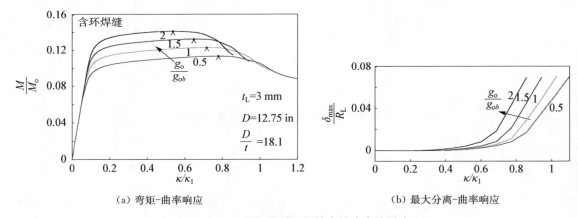

　　　（a）弯矩-曲率响应　　　　　　　　　　　（b）最大分离-曲率响应

图 4-10　环形间隙对环焊缝内衬响应的影响

4.3.2　管道直径

对于直径不超过 16 in 的无缝钢管,行业内一般不随复合管径的增加而增加内衬的厚度[5-7]。因此,随着管径的增大,内衬的 D/t 趋于增大。管径会影响内衬在弯曲中的塌陷行为,应对其进行分析。为了评估该因素对含环焊缝复合管的影响,我们根据 API 标准选取了 5 种管径:8.625 in、10.75 in、12.75 in、14 in 和 16 in。将复合管的 D/t 保持在 18.1 不变,并同时保持内衬厚度为 3 mm。对这 5 种类型的复合管分别进行加工模拟,并在模型中引入如

图 4-3 所示的焊缝,然后进行纯弯曲加载。

图 4-11 所示为这 5 组复合管的 M-κ 和对应的 $\delta_{\max}$-κ 响应(归一化变量 M_{ob} 和 κ_{1b} 基于表 4-1 中列出的基础算例参数)。可以看到,随着复合管直径的增加,内衬的基本响应曲线较为相似:焊缝带来的约束导致在其附近首先出现褶皱,随后褶皱不断增长并导致弯矩最大值。当接近最大弯矩时,"钻石"屈曲模态被激发,内衬最终以图 4-6 所示的模式塌陷。外管直径的增加使得内衬直径增加,但由于 t_L 是固定的,内衬的径厚比也会增加。虽然外管所承载的弯矩增加,但是如图 4-11 中的结果所示,内衬的塌陷曲率出现减小的趋势,这主要是由于 D_L/t_L 也在不断增加。

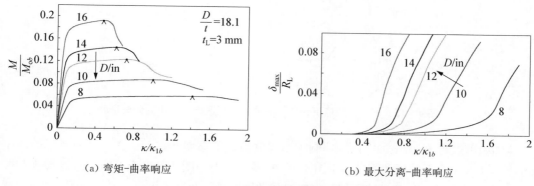

(a) 弯矩-曲率响应　　　　　　　　　　　(b) 最大分离-曲率响应

图 4-11　外管直径对 t_L 不变时内衬响应的影响

4.3.3　内压

内压对无焊缝复合管的稳定性作用在第 3 章已进行介绍,在纯弯曲情况下,即使是很小的内压值也会降低内衬的椭圆率,延迟其与外管的分离,从而增加内衬的塌陷曲率。本节对表 4-1 中的含环焊缝 12 in 复合管进行了类似的研究。在模拟复合管加工过程后,分别在 0 bar、3.45 bar、5.2 bar、6.9 bar 和 10.35 bar 的内压水平下对复合管进行纯弯曲加载。图 4-12 所示为相应的 M-κ 和 $\delta_{\max}$-κ 响应。结果表明,即使是这种较低的内压水平也会延迟内、外管的分离。

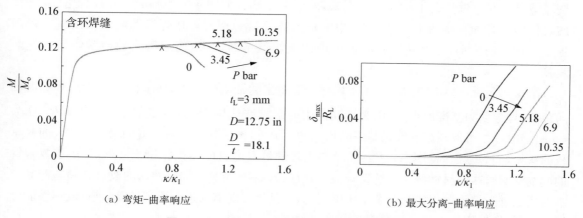

(a) 弯矩-曲率响应　　　　　　　　　　　(b) 最大分离-曲率响应

图 4-12　内压对含环焊缝内衬屈曲响应的影响

图 4 - 13 为三种压力水平下（即 3.45 bar、5.2 bar 和 6.9 bar），曲率为 $0.68\kappa_1$ 时内衬焊缝附近的受压区域与外管间的分离响应。图 4 - 5 所示为对应的零内压分离响应，但是请注意图 4 - 13 中采用的 w/t_L 比值是很小的。

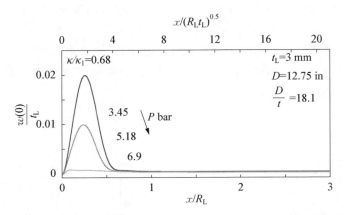

图 4 - 13　不同内压值下含环焊缝内衬受压区域沿轴向的分离形貌

从图中可以看出：所施加的内压抑制了由焊缝引起的周期性扰动。在本节所考虑的曲率范围内，3.45 bar 压力下的扰动明显小于图 4 - 5 中零压力下的图④。在 5.2 bar 时，这种扰动影响已经显著减少，在 6.9 bar 时，这种焊缝带来的扰动影响已经几乎不可见。总之，内压对环焊缝带来的强扰动和内、外管分离有较好的抑制作用，能够显著推迟最大弯矩的发生和内衬塌陷。

4.3.4　内衬壁厚

与薄壁结构的所有失稳一样，内衬的壁厚对其在弯曲下的稳定性起着决定性的作用。无焊缝复合管的分析表明，壁厚的增加会延迟塌陷的发生。本节利用表 4 - 1 中 12 in 复合管系统的基本参数，进一步分析内衬壁厚对含环焊缝复合管稳定性的影响。根据实际工程情况，所选取的内衬厚度在 2.0 mm 和 4.5 mm 之间变化。

在对不同内衬壁厚复合管分别膨胀加工分析后，进行弯曲加载并记录结构响应。这 6 种壁厚情况下的内衬弯矩-曲率和最大分离距离-曲率响应如图 4 - 14 所示。可以看出，复合管的总体结构行为在本质上与图 4 - 4 中的基本算例较为相似。环焊缝的约束作用对内衬产生了一种几何扰动，导致其焊缝附近出现褶皱幅值不断增大，而远离它的褶皱幅值则逐渐衰减。

图 4 - 15 所示为不同内衬厚度下内衬分离距离的轴向分布图，横坐标 x 是距离焊缝的轴向距离（焊缝处为基准原点）。因为扰动产生的褶皱波长与 $\sqrt{R_L t_L}$ 成正比，所以当用 R_L 作为归一化变量时，可以观察到波长是不断增加的。另外，图中显示内衬厚度的增加会增大内衬承载的弯矩，同时延迟内衬塌陷的发生，这与无环焊缝复合管的结论相符合。然而，由于复合管的成本受耐腐蚀内衬材料成本的影响很大，所以 t_L 增加带来的塌陷曲率的改进必须与产品成本的增加进行权衡。正如第 3 章中所提到的，对具体工况需要进行仔细核算，进行成本性能分析，从而设计选用最佳的内衬厚度。

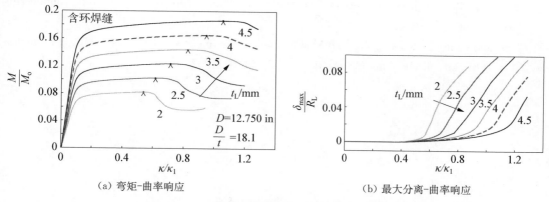

（a）弯矩-曲率响应　　　　　　　　　　　（b）最大分离-曲率响应

图 4 - 14　内衬壁厚对含环焊缝内衬屈曲响应的影响

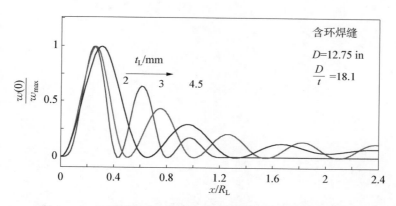

图 4 - 15　不同壁厚含环焊缝内衬受压区域沿轴向的分离形貌

参 考 文 献

［ 1 ］　Yuan L，Kyriakides S. Liner wrinkling and collapse of girth-welded bi-material pipe under bending ［J］. Applied Ocean Research，2015，50：209 - 216.

［ 2 ］　Rommerskirchen I. New progress caps 10 years of work with BuBi pipes ［J］. World Oil，2005，226（7）：69 - 70.

［ 3 ］　Yuan L，Kyriakides S. Liner wrinkling and collapse of bi-material pipe under bending ［J］. International Journal of Solids and Structures，2014，51（3 - 4）：599 - 611.

［ 4 ］　Yuan L，Kyriakides S. Plastic bifurcation buckling of lined pipe under bending ［J］. European Journal of Mechanics-A/Solids，2014，47：288 - 297.

［ 5 ］　Jones R L，Toguyeni G，Hymers J，et al. Increasing the Cost Effectiveness of Mechanically Lined Pipe for Risers Installed by Reel-lay ［C］//Offshore Technology Conference，2021：OTC - 31325 - MS.

［ 6 ］　Tkaczyk T，Pépin A，Denniel S. Integrity of mechanically lined pipes subjected to multi-cycle plastic bending [C]//International Conference on Offshore Mechanics and Arctic Engineering，2011，44366：255 - 265.

[7] Sriskandarajah T，Roberts G，Rao V. Fatigue aspects of CRA lined pipe for HP/HT flowlines [C]//Offshore Technology Conference，2013，OTC 23932.

第 5 章

含凹陷复合管的
弯曲屈曲与塌陷

　　管道的长期安全运营一直是业内高度重视的问题,其中由于凹陷造成的管道破坏事故屡见不鲜。根据统计,落物撞击是造成我国海底管道失效破坏的主要原因之一,占到事故总量的32%[1-2],仅次于腐蚀导致的事故灾害(图 5 - 1)。对于双金属复合管而言,由于耐腐蚀内衬相对脆弱,凹陷失效问题相比单层管道更为复杂,其特点包括:

　　(1) 载荷条件复杂——管道需要承受工作载荷(外部静水压、内压波动、温度变化)、环境载荷(海流、地震、土体滑坡)及来自拖网渔具和坠落物撞击带来的第三方载荷作用。

　　(2) 关键耐腐蚀层薄弱——耐腐蚀内衬的厚度一般仅为 2～3 mm,属于薄壳结构,容易发生塌陷破坏。

　　(3) 内、外管间相互作用复杂——复合管一般采用液压成形的制造工艺,加工后管间会产生接触应力和残余应力。当受到较大外力作用时,管间将出现局部分离,导致复杂的两管相互作用。此外,由于管道材料在加工中发生塑性变形,管道的材料力学特性也会发生一些改变。这些特征给复合管的凹陷评估带来了诸多新的问题,明确其中内在的机理是解决复合管运维难题的科学基础和技术关键。

图 5 - 1　海底管道失效破坏主要原因

　　对于复合管的凹陷屈曲失效问题,相关研究工作目前仍较少,主要为有限元模拟,而且存在过度简化问题。例如,Odina 等(2018)[3]利用有限元方法研究了楔形压头作用下复合管的压痕响应,在假设内衬分离可恢复贴合及忽略加工过程的简化条件下,认为针对普通管道的5%D 凹陷深度标准(DNV - RP - F107)仍可用于复合管的承压安全评价。Obeid 等(2018)[4]采用数值仿真模拟方法,研究了复合管受落物冲击作用后的凹陷深度、残余应变和能量吸收分配情况,并依据欧洲管道研究机构(EPRG)规定的 $10\%D$ 限值判断了其内爆风险。

　　本章主要研究在弯曲载荷作用下,局部凹陷对复合管的结构响应和稳定性的影响,该部分内容主要取自文献(Yuan 等,2021,2022)[5-6]。在试验部分,首先使用圆柱形压头对小尺寸复合管开展横向压痕试验。随后,在纯弯曲载荷条件下对试件进行加载,直至内衬或整体结构发生屈曲。此外,通过建立用于模拟液压膨胀、下压凹陷和弯曲的数值模型,对复合管发生凹陷过程、弯曲结构响应及管道屈曲失稳演变进行了详细阐述,并将试验数据与数值计算结果进行了比较分析。最后,针对典型足尺复合管在不同方向凹陷情况下的屈曲机理进行研究,并开展相应的参数分析。

5.1　试验研究

5.1.1　双金属复合管加工

　　试验中采用小尺寸机械复合管,仍然由无缝碳钢管和无缝铜管组成,但长度相比 2.1 节的复合管更长。钢管材质为 GB 45(AISI 1045),内衬材质为 T2 紫铜。碳钢管外径(D)为 50 mm,内衬直径则略小,两管之间装配间隙(g_o)为 0.5 mm。外管和内衬的名义厚度分别为(t_C)2.0 mm 和(t_L)1.0 mm。材料性能均通过沿轴向切取的标准试件进行单轴拉伸试验获得。管道的主要参数见表 5-1。

表 5-1　内、外管主要材料参数与几何尺寸

参数	直径*/mm	厚度*/mm	管间间隙*/mm	弹性模量/GPa	屈服应力/MPa	泊松比
GB45 钢管	50.0	2.0	0.5	200	328	0.28
铜 T2 内衬	45.0	1.0		107	50	0.36

注:*试件加工前尺寸。

　　本节的复合管采用如图 5-2 所示特制加长胀杆进行液压成形加工。与 2.1 节的高分子薄膜胀杆不同,它由一根金属杆和一层包裹在外部的橡胶组成。橡胶和金属杆的两端通过热硫化工艺连接,可达到良好的密封效果。膨胀过程中,高压水通过进水口缓慢泵入胀杆,橡胶向外膨胀。如图所示,胀杆长度为 700 mm,直径为 42.5 mm,膨胀区域长度为 600 mm。胀杆的最大设计压力为 70 MPa。

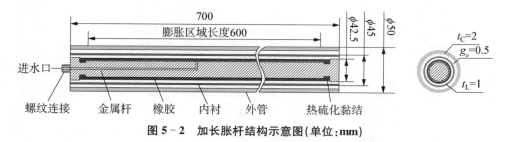

图 5-2　加长胀杆结构示意图(单位:mm)

图 5-3 所示为双金属复合管加工过程示意图。首先将铜内衬放入碳钢外管中,然后将胀杆插入内衬。当水泵入时,胀杆的橡胶部分膨胀,并与内衬(②)接触。随后,两管在不断增加的压力作用下发生贴合(③)。当内、外管进一步膨胀到目标应变后,逐渐卸载压力,胀杆的橡胶部分缩回至初始尺寸。此时内衬仍与碳钢外管贴合,并在阶段④时存在一定的残余接触压力。

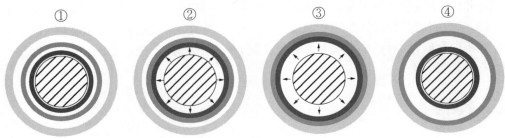

图 5-3　膨胀成形过程示意图

装配后的内衬、外管和胀杆的情况如图 5-4 所示。在膨胀过程中,应特别注意加载速率以减小材料应变率的影响,本试验加载速率控制在 0.15 MPa/s 左右。在达到目标应变后,保压 2 min,使内、外管充分贴合。随后,保持卸载速率约 0.20 MPa/s,缓慢卸压。在整个过程中,持续监测和记录膨胀压力。此外,在轴向不同位置用 5 个应变片测量外管的环向应变。

图 5-4　外管、内管和胀杆装配情况

图 5-5 所示为试件 LP-1 膨胀成形过程的压力-环向应变响应。可以看出,不同位置的环向应变基本相同,说明复合管膨胀比较均匀。由于初始阶段内衬是单独膨胀的,所以外管应变为零。压力达到 5.0 MPa 左右时,内衬与外管贴合,随后一起膨胀。尽管内衬此时产生了塑性变形,但由于内衬的薄壁属性,膨胀压力仍以近似线性的增长路径变化。随着压力的继续增加,环向应变逐渐达到目标值 0.14%,此刻对应的压力约为 30.0 MPa。在保压一段时间后,压力逐渐卸载。显然,加载过程与卸载过程曲线对应斜率不同。最后,在压力完全卸载后,外管产生约 0.018% 的残余环向应变。如上所述,卸载时内、外管的回弹量不同

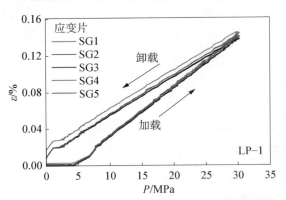

图 5-5　LP-1 膨胀成形过程的压力-环向应变响应

将使管间产生一定的接触压力。可以使用第 2 章 2.2 节介绍的方法计算接触压力，LP-1 的接触压力为 3.40 MPa。同样的，对试件 LP-2 也进行液压膨胀加工。

需要指出的是，为了保持一致性，复合管试件的外管及单层管试件 SP-1 均取自同一碳钢母管。试件的总长度约为 700 mm（14D），净膨胀区域约为 600 mm（12D）。此外，在加工前后对外管和内衬的外径和壁厚进行测量，其平均值（轴向间距为 100 mm，角度间距为 30°），见表 5-2。该表还包括在制造过程中记录的最大膨胀压力，初始椭圆度（Δ_o）和偏心度（Ξ_o），其定义如下：

$$\Delta_o = \frac{D_{\max} - D_{\min}}{D_{\max} + D_{\min}}, \; \Xi_o = \frac{t_{\max} - t_{\min}}{t_{\max} + t_{\min}} \tag{5-1}$$

表 5-2　复合管试件的测量数据

试件编号	D_c†/mm	t_c†/mm	$\dfrac{D_c}{t_c}$†	t_L*/mm	D_t*/mm	t_t*/mm	Δ_o/%	Ξ_o/%	$\dfrac{\delta_r}{D_t}$	$P_{\max}$/MPa
SP-1※	49.99	2.15	23.25	—	—	—	0.13	6.18	—	—
LP-1	49.99	2.06	24.27	1.03	50.03	3.02	0.41	2.30	—	30.0
LP-2	49.96	2.06	24.25	0.99	50.00	3.01	0.12	2.33	0.05	29.4

注：† 初始尺寸，* 最终尺寸，※ 单层碳钢管。

值得一提的是，在复合管加工前，将内衬和外管的最小壁厚处放在同一位置。在随后的下压凹陷试验中，也是在壁厚最小处引入横向凹陷。

5.1.2　下压凹陷试验

液压膨胀成形完成后，将其中一个复合管试件 LP-2 放置在图 5-6 所示的液压伺服试验机上，在试件中心位置引入横向凹陷。利用试验机上部夹具固定圆柱形压头，使其轴线与管道的轴线保持垂直，压头长为 100 mm，直径为 25 mm（0.5D）。在下压凹陷过程中，未对管道施加轴向约束。为使得变形更加集中，放置弧面木质底座在试件下方，其

图 5-6　下压凹陷试验设置

中弧面的半径需要略大于管道半径。压头和底座的详细尺寸见表 5-3。由于本章主要考虑静态下压过程，因此采用了较小的加载速度，为 0.1 mm/min。

表 5-3　圆柱形压头和支撑基座主要几何参数

部件	圆柱形压头		支撑基座			
参数	长度 l/mm	直径 d/mm	长度 L_B/mm	宽度 W_B/mm	高度 H_B/mm	半径 R_B/mm
数值	100	25	280	100	100	40

　　图 5-7 所示为下压凹陷试验过程中下压力-竖向位移曲线。可见,结构响应的总体趋势由一个近似双线性的加载路径及一个略带弧度的卸载路径组成,这与单层管的下压凹陷响应比较相似(Limam、Kyriakides,2012;Karamanos 等,2019)[7-8]。下压产生的横向凹陷如图 5-8 所示。本研究的目标凹陷深度(δ_r)为 5‰D,在对试件进行下压后,利用激光扫描装置对凹陷轮廓进行测量,以获得精确的尺寸信息。凹陷及其附近的轴向轮廓如图 5-9 所示,可以发现所测得的剩余凹痕深度为 $\delta_r = 5.28\%D$。 另外,从图中也可以看出,在木质底座的支撑作用下,可以将轴向变形区域很好地限制在 2D 长度左右。

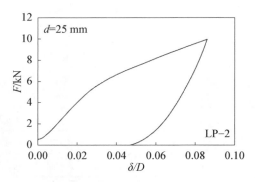

图 5-7　下压过程力-位移曲线

图 5-8　复合管试件 LP-2 的凹陷形态

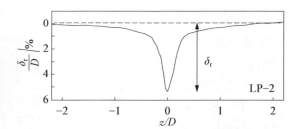

图 5-9　管道凹陷轴向轮廓扫描结果

5.1.3　弯曲试验

　　接下来,分别对完善几何的单层管试件 SP-1、复合管试件 LP-1 和凹陷复合管试件 LP-2 进行弯曲加载试验。为保证纯弯曲工况,在加载前需要将两根由碳钢制成的刚性延长杆(中间有孔)插入试件端部,并用环氧树脂 AB 胶黏合,然后将试件安装至图 5-10 所示的四点弯曲装置。采用 100 kN 的液压伺服试验机通过带有两个滚轮的钢梁施加竖向载荷。加载的力臂长度为 250 mm,保持加载过程中的纯弯曲跨度约为 800 mm(16D)。值得注意的是,加载系统的刚度设计的足够高,其目的是保证加载装置不存储过多能量。另外,所有的滚轮均需确保可自由旋转,使轴向力在弯曲加载过程中尽量小。在加载控制方面采用位移控制,对应的弯曲应变率约为 10^{-4}/s。

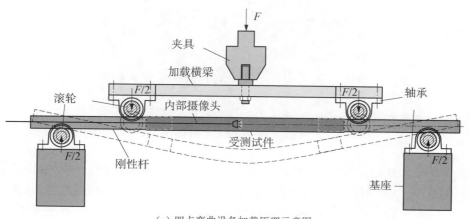

（a）四点弯曲设备加载原理示意图

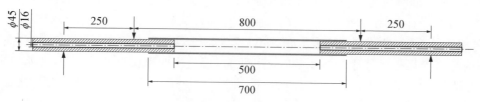

（b）受测试件加载时的主要尺寸（单位：mm）

（c）弯曲试验过程

图 5-10　弯曲加载试验

在试验过程中，在刚性杆上放置倾角传感器对管端的旋转角度进行测量，然后利用旋转角之和除以管道长度计算平均曲率，即 $\kappa=(\theta_1+\theta_2)/L$。此外，试件正面和内部分别放置了高分辨率摄像机，内置摄像头用于记录内衬褶皱和局部屈曲的演变过程，前置摄像头则用来记录整体结构的变形。弯曲试验后的试件如图 5-11 所示。

图 5 - 11　弯曲后管道试件

图 5 - 12 所示为上述三个试件的弯矩-平均曲率(M-κ)响应。归一化参数分别为：$M_o=\sigma_o D_o^2 t$、$\kappa_1=t/D_o^2$、$D_o=D-t$。可以看出，单管试件 SP - 1 刚开始为线弹性阶段，而后由于材料屈服产生弯矩平台。由于材料屈服和截面的椭圆化，弯矩在 $0.66\kappa_1$ 处达到弯矩最大值 $0.99M_o$，这种弯曲响应与 Kyriakides 和 Corona(2007)[9] 中描述的实验现象极为相似。对复合管试件 LP - 1 而言，由于铜内衬的存在，弹性阶段的斜率相比 SP - 1 略大，弯矩水平也较高一些，最终在 $0.87\kappa_1$ 处达到弯矩最大值 $1.08M_o$。对于含凹陷复合管 LP - 2 而言，曲线在弹性范围内与完善几何复合管 LP - 1 的响应相重合，但是当曲率接近 $0.20\kappa_1$ 时开始出现偏离，并在曲率为 $0.25\kappa_1$ 时，达到最大弯矩 $1.05M_o$。为了统一起见，我们将最大弯矩对应的曲率定义为临界曲率(κ_{cr})。

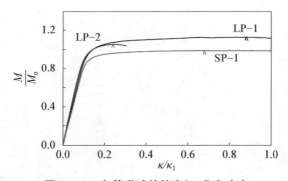

图 5 - 12　各管道试件的弯矩-曲率响应

在试验过程中，前置摄像头能够与数据采集系统同步，连续捕捉试件的变形形态。图 5 - 13 和图 5 - 14 分别为试件 LP - 1 和 LP - 2 的变形过程，图像中的编号与曲线中的编号一一对应。需要说明的是，利用平均曲率作为管道整体变形的度量，局部的弯曲程度则是通过计算试件边缘的斜率来进行量化的。具体而言，首先将图 5 - 13(b) 和图 5 - 14(b) 图像转换为灰度图像，然后利用 MATLAB 边缘检测程序捕获并计算斜率的变化（也可参见 Hallai 和 Kyriakides，2011)[10]。例如，图 5 - 15 所示为试件 LP - 1 上边缘和下边缘平均斜率沿弧长的分布情况。局部曲率可表示为：$\kappa=\mathrm{d}\theta/\mathrm{d}s$，斜率沿弧长线性分布表示曲率是恒定的，即均匀的弯曲变形。此外，可看到在有些区域也出现了曲率的局部集中现象。例如，在 $\kappa=0.40\kappa_1$(③) 时，试件左侧(0~1.0D 左右)的曲率大于跨中曲率。随着管道进一步的弯曲，曲率的分布变得更加均匀。在⑤时，$\theta(s)$ 曲线接近于直线，计算此时的跨中附近曲率为 $\kappa=0.95\kappa_1$，与两个倾角传感器记录的平均曲率 $\kappa = 1.00\kappa_1$ 吻合较好。

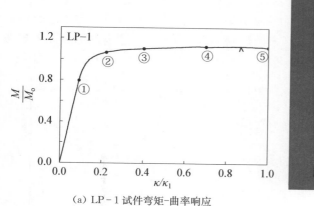

(a) LP-1 试件弯矩-曲率响应

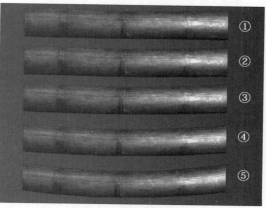

(b) LP-1 试件的弯曲变形过程

图 5-13　完善几何试件 LP-1 的弯曲试验结果

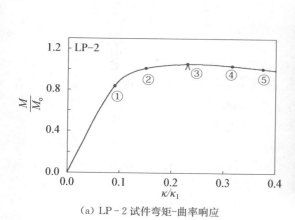

(a) LP-2 试件弯矩-曲率响应

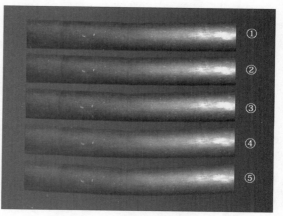

(b) LP-2 试件的弯曲变形过程

图 5-14　含凹陷试件 LP-2 的弯曲试验结果

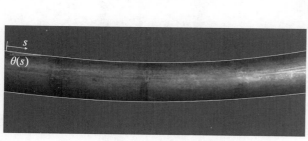

(a) 试件边缘轮廓的图像处理

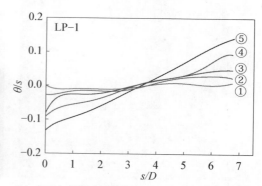

(b) 在五个弯曲时刻管道上、下边缘的平均斜率分布

图 5-15　LP-1 局部弯曲程度分布

对于含凹陷复合管试件 LP-2，弯曲过程中管道上、下边缘的斜率分布分别如图 5-16 所示。正如预期的那样，弯曲过程中管道在长度方向出现了不均匀的变形。由于局部凹陷的存在，管道跨中处的斜率，即局部曲率，比管道其他区域都要大。特别是当达到最大弯矩点 $0.23\kappa_1$（③）后，管道上边缘局部曲率的增长明显加快。在④时，跨中局部曲率达到 $1.96\kappa_1$。相比之下，管道下边缘的弯曲变形相对均匀，跨中处达到 $0.75\kappa_1$。然而，这个值仍然比平均曲率 $0.32\kappa_1$ 偏大。

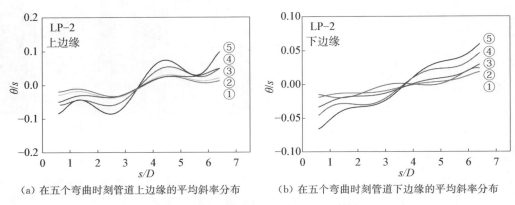

(a) 在五个弯曲时刻管道上边缘的平均斜率分布　　　　(b) 在五个弯曲时刻管道下边缘的平均斜率分布

图 5-16　LP-2 局部弯曲程度分布

除复合管弯曲过程的外部变形外，图 5-17(a) 还展示了卸载后 LP-1 的内衬变形。可以看到，内衬的受压侧已经出现褶皱。图 5-17(b) 所示为管道受压侧的俯视图，可以看到褶皱的分布较为均匀，经过测量发现半波长（λ_C）约为 7.35 mm。如第 3 章所指出，复合管的弯曲屈曲波长介于复合管轴压波长和单独内衬的波长之间，其中轴压波长最小，单独内衬的波长最大，计算可得到其半波长分别为 6.98 mm 和 8.02 mm[11]。总的来说，λ_C 与测量结果吻合较好。另外，外管的受压侧没有发现明显的褶皱，这是因为外管以局部的椭圆化变形为主，而内衬的屈曲主要为褶皱和局部屈曲塌陷形式，相对更为严重。

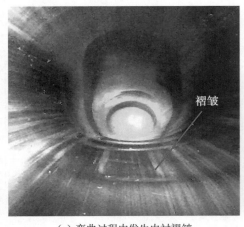

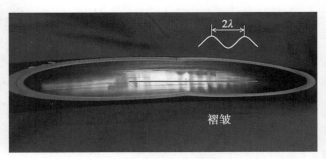

(a) 弯曲过程中发生内衬褶皱　　　　　　　　(b) 受压侧内衬的均匀褶皱形态

图 5-17　弯曲加载后 LP-1 试件的内衬褶皱

同样,LP-2 的内衬屈曲形态如图 5-18 所示。与完善几何试件 LP-1 发生的内衬褶皱不同,LP-2 的内衬在中间形成一个较大幅值的内鼓屈曲,且在其周围有四个稍小的向内凸起,这类似于"钻石"屈曲模态。显然,在弯曲作用下,局部凹陷可能造成复合管系统的失效,诱发的外管和内衬屈曲无疑会对复合管结构的安全性和长期完整性产生不利影响,因此必须更好地理解其内在演化机理。

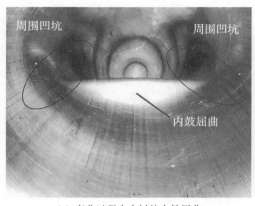
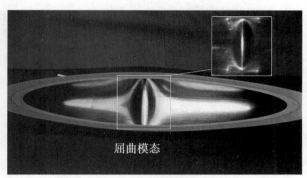

(a) 弯曲过程中内衬的内鼓屈曲　　　　　　　　(b) 受压侧内衬的屈曲塌陷形态

图 5-18　弯曲加载后 LP-2 试件内衬屈曲模态

5.2　数值模拟分析

5.2.1　试验过程仿真

为了准确合理地对复合管的结构行为进行模拟,本节利用 ABAQUS 建立了包含复合管制造过程、下压凹陷及弯曲的全过程数值模型。首先,采用轴对称有限元模型对液压膨胀成形过程进行模拟,得到由制造过程产生的残余应力和材料力学性能变化,相关模型和流程此处不再赘述。有限元计算得到的接触压力为 3.20 MPa,与解析理论的计算结果 3.40 MPa 十分吻合。

考虑到问题的双重对称特征,只对四分之一的复合管进行建模,如图 5-19 所示。为了提高计算效率,在高应力和高应变区域采用了更精细的网格密度。采用线性实体单元 C3D8 和壳体单元 S4 对外管和内衬进行离散化。圆柱形压头选用刚体单元 R3D4,木制底座选用 C3D8 单元。

网格密度基于管道的半波长 λ 设置,此处仍然选择轴向压缩下内衬的轴对称弹性屈曲模态,公式如下:

$$\lambda = \frac{\pi \sqrt{R_L t_L}}{\left[12(1-\nu^2)\right]^{1/4}} \tag{5-2}$$

式中　R_L、t_L——分别为内衬的中面半径和厚度。

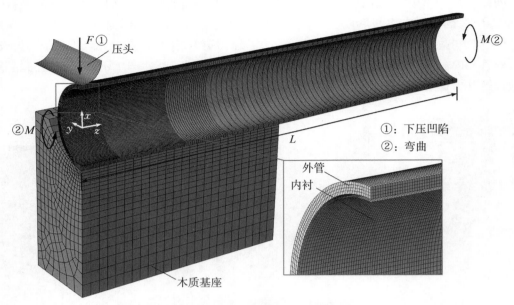

图 5‑19   含凹陷复合管弯曲模拟有限元模型

外管厚度方向分配 4 个单元，内衬则为壳单元。在对网格收敛性研究的基础上，分别在轴向和环向采用渐变的网格布种。边界条件如下：平面 $y=0$ 和 $z=0$ 为对称平面；对于 $z=L$ 平面，管道端面的节点与截面中心的参考点采用耦合约束；在允许平面内位移的同时，管道截面上的所有节点均保证在同一平面内运动。弯矩通过参考点的转角施加，与试验相同，本节仍以平均曲率 θ/L 作为管道弯曲变形的度量，弯矩 M 取自 $z=0$ 平面，根据如下公式计算：

$$M=2\sum_{i}^{n}d_iR_i \tag{5-3}$$

式中　R_i——第 i 个节点处的轴向力；

　　　d_i——距离端面中心的距离（力臂）。

在仿真分析的多个阶段中，均保持开启非线性几何选项（NLGEOM）。模型中所有的接触设置都为有限滑移的面‑面接触。接触属性选择为"PRESSURE-OVERCLOSURE"，压力和间隙值分别设置为 0.7 MPa 和 0.002 54 mm。"接触对"分别为：

（1）压头‑外管接触：压头的外表面为主面，外管的外表面为从面。

（2）外管‑内衬接触：外管内表面为主面，内衬表面为从面。

（3）外管与支撑基座接触：外管外表面为主面，基座表面为从面。使用"MODEL CHANGE"选项，使接触对①和③在弯曲分析步中自动解除。

木质底座相对柔软，这种弹性支撑有助于避免管道的应力集中发生。根据木材的压缩试验，将其材料近似定义为弹性材料。其弹性模量为 83 MPa，泊松比为 0.41。图 5‑20(a)所示为下压凹陷过程中的力-位移响应预测结果及试验结果对比，除卸载阶段的细微差异外，可以看出两条曲线拟合得相对较好。此外，还比较了试件凹陷附近的轴向轮廓，如图 5‑20(b)所示。

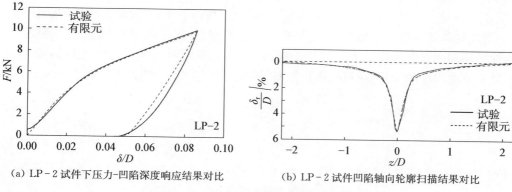

（a）LP-2 试件下压力-凹陷深度响应结果对比　　　（b）LP-2 试件凹陷轴向轮廓扫描结果对比

图 5-20　下压凹陷试验与有限元结果对比

利用有限元模型对 3 个管道试件的纯弯曲加载过程分别进行数值模拟。图 5-21 所示为数值模拟（虚线）和试验结果（实线）的对比。需要指出的是，对于每个试件，建模时使用的都是测量得到的厚度和直径的平均值。由于缺乏内轮廓的精确几何缺陷扫描数据，在数值模型中只考虑初始椭圆度。对于试件 SP-1，可以观察到试验结果与数值结果相当一致。对于两个复合管试件，试件 LP-1 的预测弯矩与试验结果吻合较好。对于试件 LP-2，在临界屈曲曲率 κ_{cr} 之前的结构响应比较一致。数值模拟结果为 $\kappa_{cr}=0.22\kappa_1$，与试验记录的曲率 $0.25\kappa_1$ 非常接近。在临界曲率 κ_{cr} 之后，预测的弯矩下降速度略快于试验结果，其差异与使用的材料应力-应变有关。结果表明，尽管 5%D 凹陷深度很小，但它对结构的力学性能的影响比其他几何缺陷的影响要大得多。总的来说，数值模型预测的弯曲响应与试验结果吻合良好。

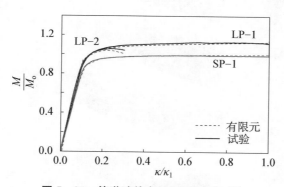

图 5-21　管道试件弯矩-曲率响应对比

为了更细致地观察 LP-2 的内、外管单独的弯曲响应，图 5-22(a)中展示了更小曲率范围内的弯矩-曲率响应，虚线表示 LP-1 的曲线。如图所示，在弹性和塑性弯曲早期阶段，弯矩的增长路径几乎相同。当曲率达到 κ_{cr}，即 $0.22\kappa_1$ 时，LP-2 外管的弯矩曲线开始偏离完善几何的计算结果，并迅速降低。内衬的最大弯矩出现较晚，为 $0.26\kappa_1$，其衰减不如外管明显。出乎意料的是，内衬达到最大弯矩要比外管稍晚。这可以从两方面进行解释：①内衬厚度为 1.0mm，相比 2mm 厚的外管差别不大，此外，由于铜材料具有较强的应变硬化效应，导致其峰值弯矩比外管要晚；②在曲率 $0.22\kappa_1$ 时，弯曲程度很低，来自外管的接触支撑仍然十分稳定，这有助于延迟内衬的塌陷。

图 5-22(b)所示为 LP-2 的椭圆度-曲率响应。可以看出,在开始弯曲后,截面逐渐呈椭圆形。当达到③处的最大弯矩时,两管的椭圆化程度加剧,并在 $0.40\kappa_1$ 时达到 18% 左右。此外,内衬的椭圆度在开始时要大于外管的椭圆度,部分原因是用于椭圆度计算的 D 值较小。然而,随着弯曲程度的增加,内衬椭圆化加剧,导致两管之间的分离程度逐渐增加。

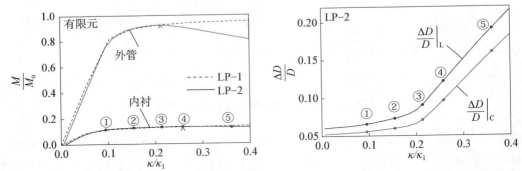

（a）LP-2 弯矩-曲率响应有限元计算结果（虚线为 LP-1）（b）LP-2 内、外管椭圆度-曲率响应有限元计算结果

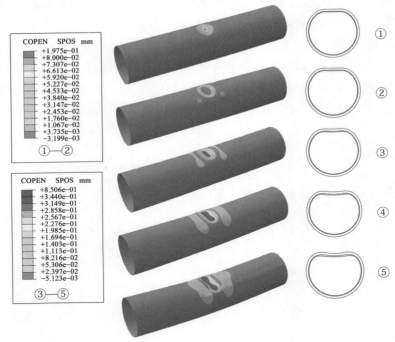

（c）LP-2 内衬屈曲演化过程

图 5-22　LP-2 弯曲过程有限元计算结果

图 5-22(c)所示为单独显示内衬的分离距离云图。为更清晰起见,图中采用了两组色阶标尺,并同时显示了在跨中的内衬横截面轮廓。所选取的 5 个代表性时刻,分别对应于图 5-22(a)中的编号。在①时刻,内衬进入塑性弯曲阶段,跨中处的凹陷尺寸略有增大。随着曲率的增大,在②时刻,中心凹陷周围出现了四个微小凹坑(向内凸起)。在③时刻,外管达到最大

弯矩点,中心凹陷区域的分离距离进一步增加,周围的分离区域面积也出现扩大。当达到内衬最大弯矩时,即④时刻,产生局部的中心内鼓屈曲。在⑤时刻,中心屈曲区域周围出现四个微小凹坑,这类似于第 3 章的经典"钻石"屈曲模态。有趣的是,中心屈曲形状呈"∞形"。图 5-23(a)所示为④时刻色阶标尺下的内、外管分离分布云图。出于分析的完整性考虑,考虑两个主要分离区域,即凹陷区域的正下方位置处(标记为 A)和中心屈曲两端位置处的分离距离(标记为 B)。图 5-23(b)所示为两点的分离距离-曲率响应。可以看出,弯曲开始阶段"A"点的内衬分离占主导地位。但当超过③时,B 点的分离程度超过 A 点,中间屈曲逐渐演变成哑铃形。管道试件 LP-2 的最终变形模拟结果如图 5-24 所示。

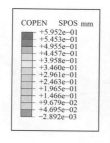

(a) ④时刻 LP-2 受压侧内、外管分离距离分布形貌

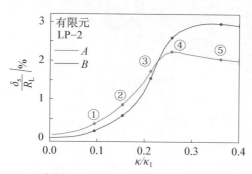

(b) 受压侧 A、B 位置处的分离距离-曲率响应

图 5-23 LP-2 弯曲过程中的内、外管分离特征

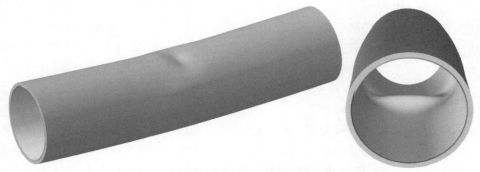

图 5-24 含凹陷试件 LP-2 的有限元屈曲模态

5.2.2　典型足尺算例分析

为了更好地联系工程实际,本节针对典型足尺复合管的下压凹陷和弯曲响应进行研究。所采用的管道参数为 12 in 复合管,在管道单元类型、网格密度和边界条件等方面均采用与上节相同的设置,此处不再赘述。如图 5 - 25 所示,除了横向压头外,模型中还考虑了纵向压头的情况。分析中选用的压头直径为 $0.15D$,长度为 $0.5D$。为了保持一致,将两种压头情况的最大下压深度定分别为 $22.2\,\text{mm}$ 和 $24.2\,\text{mm}$,这可以使得在回弹后的最大残余凹陷深度都为 $5\%D$。

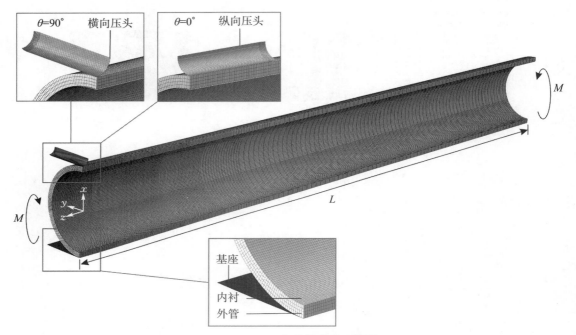

图 5 - 25　足尺复合管有限元模型

图 5 - 26(a)所示为横向和纵向压头情况对应的下压凹陷过程力-位移曲线。可以看出,纵向压头的反力要明显高于横向压头的结果,这是由于前者接触面积更大造成的。在图 5 - 26 (b)中展示的是内衬的形变过程,色阶标尺代表内衬的分离距离。由图可见,在①时刻,压头两侧就已经开始出现轻微的分离,当到达②时,横向下压的最大的分离区域(简称"MSP")依然位于压头的两侧,但纵向下压的 MSP 已经转入到压头的正下方,而且内衬分离区域呈现狭长状。此时,纵向压头产生的分离距离远大于横向压头。在③时刻,由于撤去压头后发生回弹,分离程度都有所减小,横向压头情况的最大分离距离为 $0.39\,\text{mm}$,纵向的则为 $1.91\,\text{mm}$,但二者的 MSP 都没有变化。

随后,分别对含有横向和纵向凹痕的复合管进行弯曲加载,其弯矩-曲率结果如图 5 - 27 所示。可以看出,在所研究 $\kappa \leqslant 0.5\kappa_1$ 的曲率范围内,含有横向凹陷的复合管整体发生了塌陷,但纵向凹陷的外管依然保持完好。按照惯例,定义发生最大弯矩时的曲率为临界曲率 κ_{cr}。可以发现,横向凹陷的 κ_{cr} 为 $0.230\kappa_1$,而纵向凹陷为 $0.225\kappa_1$。有意思的是,当弯矩达到最大值

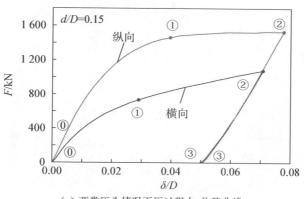

（a）两类压头情况下压过程力-位移曲线

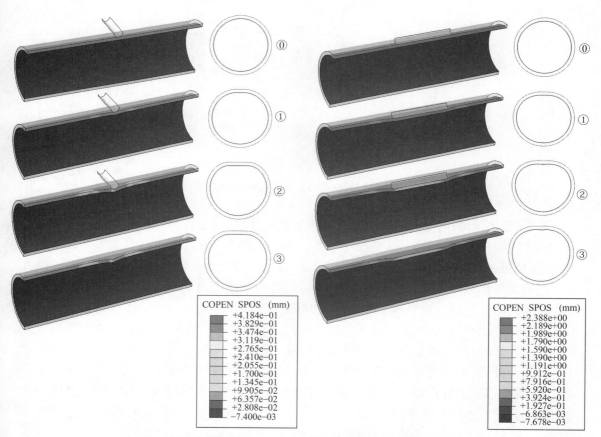

（b）下压凹陷过程内衬分离云图（左侧为横向下压，右侧为纵向下压）

图 5 - 26　足尺复合管下压凹陷过程有限元模拟

后，并未出现第 3 章中的迅速下降，相反在曲率继续增加后，弯矩在一定曲率范围内基本保持在同一水平。

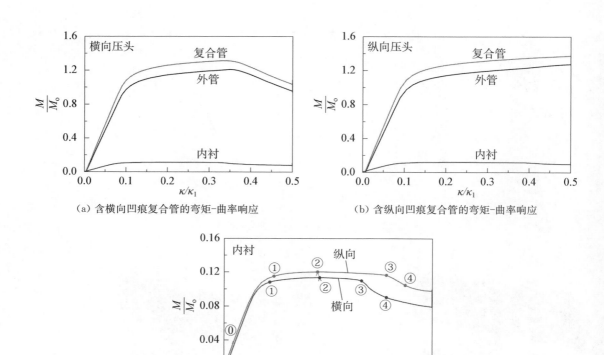

（a）含横向凹痕复合管的弯矩-曲率响应　　　　　（b）含纵向凹痕复合管的弯矩-曲率响应

（c）两类凹陷情况的内衬弯矩-曲率响应对比

图 5-27　含横、纵凹陷复合管弯矩-曲率响应对比

图 5-28 所示为两类凹陷对应的内衬弯曲屈曲过程,颜色标尺同样表示内衬的分离距离。首先观察横向凹陷的结果,如图 5-28(a)所示,①时刻为发生凹陷但尚未开始弯曲的内衬,可见压头两侧出现轻微的分离。需要说明的是,虽然中心位置的分离距离较小,但此处的凹陷深度却是最大的。随着弯矩的增加,内衬的分离出现了增长,同时 MSP 也从凹陷侧边转为凹陷正中心。当到达②时,内衬的弯矩达到极值 $M_u = 0.11M_o$,形成了类似“钻石”屈曲模态的变形。在点②和点③之间,弯矩并未发生很大的变化,但是分离距离却一直在增长。在③时刻后,弯矩开始快速下降,其最大分离距离在④时刻达到了 12.8 mm。除了侧向视图外,图中还展示了受压侧的俯视图,其中计算内衬弯矩的截面取自 A 处。图 5-28(b)为纵向凹痕的弯曲模拟结果,下压凹陷处开始时具有一条狭长的分离区域,随着弯曲的增加,分离逐渐在两端集中(注意不是中心位置)。当到达②时,内衬的弯矩出现极值 $M_u = 0.12M_o$。 与横向凹陷类似,在点②和点③之间,弯矩并未发生很大的变化。在点③的曲率时刻,出现了“三角形”屈曲模态,但它与“钻石”模态有一定的相似性。随后,弯矩出现急剧下降,其内衬的最大分离距离在④时刻达到了 15.3 mm。受压侧的俯视图中 B 处即为弯矩的计算截面。

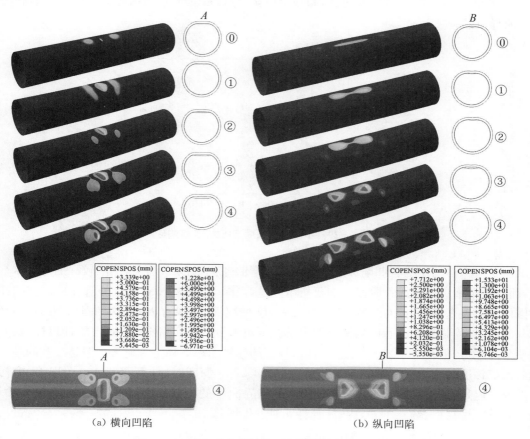

（a）横向凹陷　　　　　　　　　　　　（b）纵向凹陷

图 5 - 28　含凹陷复合管内衬屈曲演化及分离云图

通过对比两类凹痕的弯曲响应发现，虽然发生局部屈曲的大致趋势相同，但是它们出现塌陷的位置存在差异。在相同的凹陷深度情况下，横向凹陷的屈曲更为集中，这也造成了复合管系统很早就出现塌陷，相对更为严重。因此，在接下来的参数分析中，除非特别说明，只考虑横向凹陷的弯曲情况即可。

5.3　参数分析

在前一节中，我们看到局部的凹陷在弯曲作用下能够造成复合管的内衬分离，甚至是整体结构的塌陷破坏。本节内容主要考虑不同凹陷深度和内压水平对复合管结构弯曲响应的影响。

5.3.1　凹陷深度

为了研究凹陷深度的影响，我们以回弹后的残余凹陷为基准，分别针对 $0.01D(3.1\text{ mm})$、$0.025D(8.2\text{ mm})$、$0.05D(15.8\text{ mm})$ 和 $0.075D(23.6\text{ mm})$ 进行分析。图 5 - 29 所示为不同凹陷深度对应的下压力-位移响应。可以看到，当凹陷深度较小时，回弹的轨迹基本呈线性，但

是对 $0.05D$ 及更大的凹陷深度而言,卸载阶段呈非线性趋势,这是由更为集中的变形和应力分布所导致的。

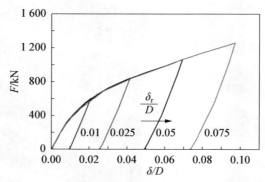

图 5 - 29　不同凹陷深度下压力-位移响应

图 5 - 30(a)所示为各凹陷深度情况对应的弯曲-曲率结果。可见,凹陷较深的弯矩水平较低,而且更早地进入非线性阶段。需要指出的是,当深度超过 $0.05D$ 后,外管在所研究的曲率范围内也出现了塌陷,但对于 $0.01D$ 和 $0.025D$ 情况而言,只有内衬发生失效。图 5 - 30(b)汇总了内、外管临界曲率和凹陷深度的关系。可以看到,随着凹陷深度的增加,内衬的临界曲率呈下降趋势,但相对平缓。与之相对应,外管的临界曲率下降更为显著。但是二者的差别却随着凹陷深度的增大而不断减少。例如,在 $0.0325D$ 深度时,外管在 $0.490\kappa_1$ 塌陷,内衬为 $0.220\kappa_1$,但是当深度达到 $0.075D$ 时,它们的临界曲率变为 $0.240\kappa_1$ 和 $0.195\kappa_1$。换句话说,当达到某深度后(大约 $0.1D$),内、外管将同时发生塌陷。

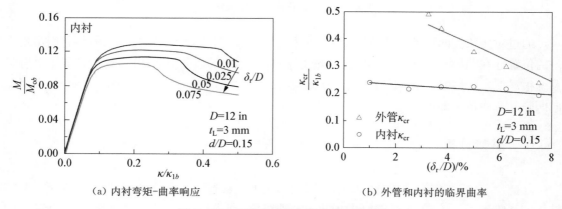

(a) 内衬弯矩-曲率响应　　　　　　　(b) 外管和内衬的临界曲率

图 5 - 30　不同凹陷深度复合管弯曲响应

5.3.2　内压

本节来研究在不同运营内压水平下,复合管结构发生凹陷对其弯曲能力的影响。考虑的内压水平分别为 50 bar、100 bar 和 150 bar。首先,开展不同内压下的凹陷下压模拟。图 5 - 31 所示为下压力和压头位移的变化曲线,可见随着内压的增大,为了达到同样的压深,所需下压力幅值增加。为保证一致性，控制下压位移以使得最终的凹陷深度均为 $0.05D$。

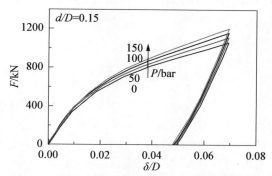

图 5-31　不同内压情况复合管下压力-凹陷深度响应

图 5-32 所示为不同内压情况下含凹陷复合管的弯曲响应，其中图 5-32(a)所示为内衬的弯矩-曲率曲线，可见随着内压的增大，内衬所承载的弯矩水平出现增加，同时塌陷也出现了延迟。图 5-32(b)所示为内衬的极限弯矩和临界曲率随内压的变化，可以看到二者在本研究的参数范围内基本都是呈线性增长。

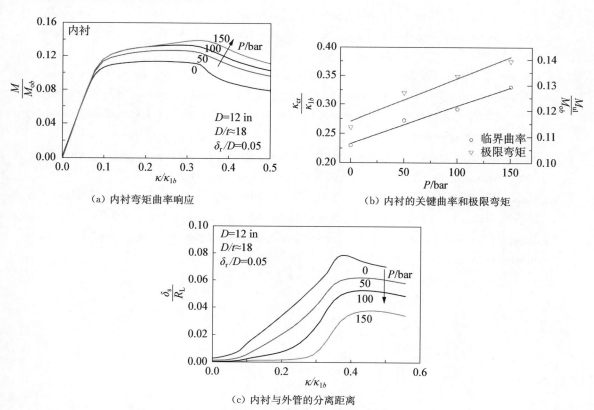

（a）内衬弯矩曲率响应　　　　　　（b）内衬的关键曲率和极限弯矩

（c）内衬与外管的分离距离

图 5-32　不同内压下凹陷复合管弯曲响应

图 5 - 32(c)所示为不同内压情况下内衬分离随曲率的变化曲线。不出所料,内衬的分离距离随着内压的增加而不断减小,当内压为 100 bar 时,能够看到内衬的分离得到一定缓解。当运营内压为 150 bar 时,在 $0.3\kappa_1$ 曲率范围内时,内衬的分离仍然是非常小的。

参 考 文 献

[1] Gao P, Duan M, Gao Q, et al. A prediction method for anchor penetration depth in clays [J]. Ships and Offshore Structures, 2016,11(7):782 - 789.

[2] 焦中良,帅健. 含凹陷管道的完整性评价[J]. 西南石油大学学报,2011,33(4):157 - 164.

[3] Obeid O, Alfano G, Bahai H, et al. Mechanical response of a lined pipe under dynamic impact [J]. Engineering Failure Analysis, 2018,88,35 - 53.

[4] Odina L, Hardjanto F, Walker A. Effects of impact loads on CRA-lined pipelines [J]. Ocean Engineering, 2018,166,117 - 134.

[5] Yuan L, Zhou J, Liu H, et al. On the plastic bending responses of dented lined pipe [C]// International Conference of Ocean, Offshore and Arctic Engineering, 2021: OMAE2021 - 64867.

[6] Yuan L, Zhou J, Liu H, et al. Buckling of dented bi-material pipe under bending Part I: Experiments and simulation [J]. International Journal of Solids and Structures, 2022, 257:111705.

[7] Limam A, Lee L-H, Kyriakides S. On the collapse of dented tubes under combined bending and internal pressure [J]. International Journal of Mechanical Science, 2012,55:1 - 12.

[8] Gavriilidis I, Karamanos S A. Bending and buckling of internally-pressurized steel lined pipes [J]. Ocean Engineering, 2019,171:540 - 553.

[9] Kyriakides S, Corona E. Mechanics of Offshore Pipelines: Volume 1 Buckling and Collapse [M]. Amsterdam: Elsevier, Oxford, UK and Burlington, Massachusetts, 2007.

[10] Hallai J F, Kyriakides S. On the effect of Lüders bands on the bending of steel tubes: Part I Experiments [J]. International Journal of Solids and Structures, 2011,48:3275 - 3284.

[11] Yuan L, Kyriakides S. Plastic bifurcation buckling of lined pipe under bending [J]. European Journal of Mechanics-A/Solids, 2014,47:288 - 297.

第 6 章

轴压作用下复合
管的塑性失稳及
屈曲塌陷

在运营服役过程中，管道可能因输运介质的温度变化而受到较大的轴向压缩载荷作用（图6-1）。此外，产生轴向压缩的原因还包括断层移动、地面沉降和永久冻土的融化等。对于复合管而言，压缩载荷不仅会在内、外管的轴向产生压应力，还可能导致管道截面的塑性变形，造成衬管的屈曲和塌陷问题。例如，埋地管道在高温油气通过时容易发生的屈曲现象（Jiao、Kyriakides，2009，2011）[1-2]。

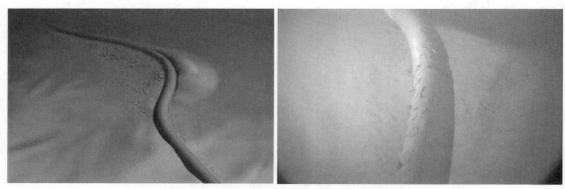

图6-1 海底管道受轴压作用发生侧向屈曲

对于油气领域应用的管道来说，由于其材料和径厚比的特定选择范围，管道的轴压屈曲一般发生在塑性阶段。这种塑性屈曲与弹性薄壳屈曲不同，后者一般为突然压溃，而前者的屈曲过程一般呈现出若干个阶段，而且不同屈曲阶段的应变差异可以达到1%～5%。图6-2所示为碳钢管（单层）在轴压作用下的三种屈曲失效模式。从左到右，依次是轴对称模态、二阶模态和三阶屈曲模态。

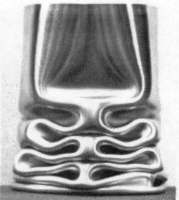

图6-2 管道在轴压作用下发生多级屈曲失稳模态[3]

　　对于复合管的轴压屈曲问题,工业界和学术界都开展过许多研究。其中包括 Focke 等开展的一系列双金属复合管的压缩试验[4]：所选 10 in 复合管由 X65 碳钢管和 2.45 mm 的 SS-304L 不锈钢衬管组成。他们将复合管置于一对刚性压盘间,通过缓慢施加位移对管道进行轴压加载,直到外管发生屈曲为止。文献中照片显示,衬管中形成了"钻石"屈曲模态。随后,为了更深入了解复合管的屈曲演变过程,在国际工业联合项目的资助下,笔者结合试验、理论分析和数值仿真的方法,进一步阐明了该问题背后的力学机理和屈曲过程[5]。近期,王法承等[6-7]基于复合管的轴压和弯曲试验(X65 无缝钢管＋316L 不锈钢焊管),也观测到了类似的屈曲模态,并对压弯共同作用下的屈曲过程进行了详细模拟分析。需要说明的是,由于复合管轴压屈曲需要较大的载荷,这对试验设备及试验数据的精确测量和采集都构成了一定的挑战,这也使得有关复合管轴压屈曲的试验数据相对比较少。

　　本章主要结合文献[5]中的研究工作对复合管的轴压屈曲问题进行阐述,重点关注内衬的结构响应和屈曲塌陷行为。首先,基于自制的小尺寸"复合管"进行轴压试验,对内衬的屈曲演化过程进行了定性的阐述。然后,利用壳体力学理论和增量形式的塑性形变理论,推导了内衬塑性失稳分支点的理论公式。随后,利用数值模拟方法研究了复合管的轴压结构响应行为。最后,在此基础上开展了关键几何、物理变量的参数分析,并着重研究了几何缺陷的敏感性问题。

6.1　试验研究

　　轴压试验采用的是以 63.5 mm(2.5 in)的不锈钢管作为内衬材料的复合管,为了尽可能接近实际工程中复合管的内衬径厚比,选择了 0.5 mm(0.020 in)的管道壁厚。在外管方面,采用环氧树脂制成的厚壁圆柱体代替碳钢管。通过筛选比较,选择了含 35% ARADUR 955-2 固化剂的 ARALDITE GY502 类型环氧树脂材料,这主要是考虑到它的极限应变较高和可加工性相对较好。内衬管和环氧树脂外管的尺寸和基本材料参数见表 6-1,其中几何参数在图 6-3 中进行了标注示意。需要说明的是,这种材料和几何的参数组合能够保证内衬的屈曲发生在塑性阶段。

　　与复合管试样同时进行树脂浇铸的还有一组圆柱试样,该试样主要用于获得环氧树脂的材料特性,图 6-4(a)所示为通过压缩试验得到的应力-应变曲线,其中材料

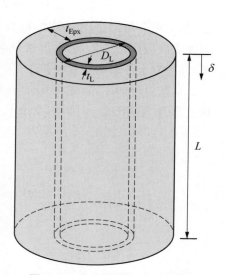

图 6-3　复合管试件几何示意图

的弹性模量和屈服应力见表 6-1。值得注意的是,这种树脂材料的力学性质虽然与加载速率有关,但在较高的应变水平仍可保持正的切线模量。衬管的材料为不锈钢 SS-304L,它的应力-应变曲线如图 6-4(b)所示。

表 6-1 小尺寸复合管试验主要几何和材料参数

参数	D/mm	t/mm	L/mm	E/GPa	σ_o/MPa
SS-304L 内衬	63.35	0.500	60.38	195	237
环氧树脂外管	80.4	8.53	60.38	1.20	37.0

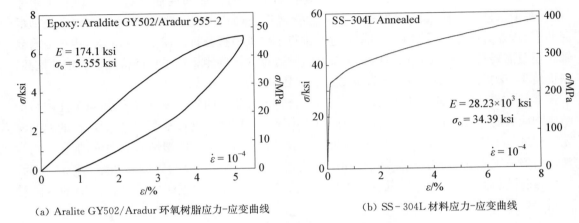

(a) Aralite GY502/Aradur 环氧树脂应力-应变曲线   (b) SS-304L 材料应力-应变曲线

图 6-4 复合管试件的内、外管材料曲线

复合管试件的制造过程为：首先将内衬放置在特制聚四氟乙烯模具中，确保与模具保持同心，然后将环氧树脂浇注在模具内。经过 24 h 固化后，将试件从模具中取出，然后对环氧树脂的外表面进行机加工，确保厚度均匀且与衬管圆心保持一致。最后，将试件端部进行抛光处理，并切割上下端面使其保持水平。

试验过程如下：首先将复合管试件水平放置于万能试验机的两个刚性压盘间，然后通过移动上部压盘进行轴压加载，为保证准静态加载，将位移加载速率对应的轴向应变率控制在 $10^{-4}\ \text{s}^{-1}$ 以内。图 6-5 所示为试验记录的加载-卸载-重新加载的轴向力-位移响应，试验过

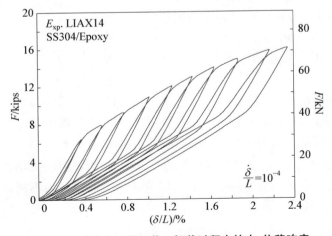

图 6-5 试件在反复加载—卸载过程中的力-位移响应

（应变为 1.01% 时，出现轴对称褶皱；应变为 1.86% 时，首次观察到钻石模态）

程中的反复卸载主要是为了观测试件内部的褶皱和屈曲形态。由图可见,在加载的初始阶段,力-位移曲线基本保持线性增长,但随着内衬管进入屈服状态,开始出现非线性的变化。当继续加载后,曲线又回到接近线性的增长直到接近 2% 的应变,但是这一阶段的斜率明显降低,这是由于内衬材料近似线性的强化导致的。随着轴压的继续增大,应变发生进一步的增加,可以看到试件的刚度开始出现降低,这一阶段的变化主要是由于环氧树脂的材料非线性造成的。试验在应变约为 2.4% 时终止。

试验的观测结果如下:前 3 次卸载并未发现内衬褶皱,在第 4 次卸载后发生第 1 次屈曲褶皱,应变约 1.01%,但褶皱并未覆盖整个圆周。在后续的加载和卸载过程中,可以发现褶皱的幅值和所覆盖的弧度都有所增长。内衬所形成的褶皱都是沿着轴向呈现周期变化,但外管环氧树脂无明显形变发生。通过测量褶皱的波长发现与理论(见 6.2 节)的计算结果非常接近。λ 的测量平均值为 $0.201R_L$,而理论预测值为 $0.206R_L$,二者相差仅 2.4%。

首次出现"钻石"屈曲模态发生在第 8 次卸载后,均匀的轴对称褶皱此时已转换为非轴对称屈曲模态(图 6-6),所对应的轴向应变约为 1.86%。有趣的是,这一屈曲模态的转换并未带来整体试件承载力的改变,与之相反,复合管试件的承载力还在不断上升。但是,这些屈曲形变的幅值在随后的压缩过程中不断增大,"钻石"模态变得更加显著。

 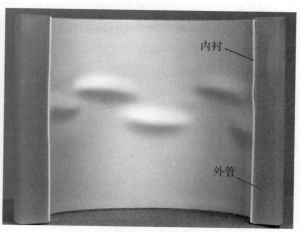

（a）褶皱屈曲　　　　　　　　　　　（b）非轴对称"钻石"屈曲模态

图 6-6　复合管试件的轴压屈曲演化

总体而言,采用小尺寸复合管试样进行轴压试验,可以定性地观察到内衬的轴压屈曲演化过程。在不断增加的轴压作用下,内衬壳体首先发生第一次屈曲,出现轴对称模态。轴对称褶皱的幅值起初很小,但随着压缩的增加而增大。在较高的应变下,衬管再次发生屈曲,屈曲模态由均匀褶皱转换成非轴对称的"钻石"模态,这导致衬管在完好的外管内发生塌陷。从图 6-6 中的剖面照片(225°)可以看到,径向内鼓的"钻石"屈曲形态已经形成,环向一共有 5 个环向波($m=5$),而外层的环氧树脂基本保持原状。复合管轴压屈曲的过程与单独圆柱壳的塑性屈曲有一定的相似性(例如,Tvegaard,1983;Yun 和 Kyriakides,1990;Kyriakides 等,2005;Bardi 和 Kyriakides,2006;Bardi 等,2006;Kyriakides 和 Corona 2007)[8-12],不过仍可以看出，外管的约束对内衬的结构响应和屈曲过程产生了一定影响。

6.2　理论研究

有关复合管轴压塑性失稳的理论分析，首次在 Peek 和 Hilberink（2013）[13] 的研究中提及，他们建立了处于外管约束下的圆柱壳发生轴对称屈曲的理论解（也可参见 Shrivastava，2010）[14]，得到了塑性屈曲临界应力和半波长。这种塑性屈曲与弹性屈曲有较大不同，通常发生在壁厚稍大的壳体结构中，当屈曲发生在塑性范围时，所出现的第一个屈曲模态是在 Lee（1962）[15] 和 Batterman（1965）[16] 研究中所描述的周期性轴对称屈曲模态（试验参见 Bardi 和 Kyriakides，2006；Kyriakides 等，2005，理论分析参见 Peek，2000；Kyriakides 和 Corona，2007）[10-12,17]。根据经典的壳体力学理论，其增量形式的线性化屈曲方程为

$$\begin{cases} N'_{xx}=0 \\ \dot{M}''_{xx}-\dfrac{\dot{N}_{\theta\theta}}{R}=-N_{xx}\dot{w}''=\sigma t\dot{w}'' \end{cases} \tag{6-1}$$

式中　x、θ——轴向和环向坐标；

N、M——关于压力和弯矩强度的变量；

u、w——分别为轴向和径向的位移；

σ——施加的轴向压应力。

对于轴对称屈曲，可以得到相应的几何关系为

$$\dot{\varepsilon}^0_{xx}=\dot{u}',\ \dot{\varepsilon}^0_{\theta\theta}=\frac{\dot{w}}{R},\ \dot{\kappa}_{xx}=-\dot{w}'',\ \dot{\kappa}_{\theta\theta}=0 \tag{6-2}$$

式中　ε^0_{xx}、$\varepsilon^0_{\theta\theta}$——膜应变；

κ_{xx}、$\kappa_{\theta\theta}$——曲率。

增量形式的应力-应变关系可以由下式给出：

$$\begin{Bmatrix} \dot{\sigma}_x \\ \dot{\sigma}_\theta \end{Bmatrix}=\begin{bmatrix} C_{11} & C_{12} \\ C_{21} & C_{22} \end{bmatrix}\begin{Bmatrix} \dot{\varepsilon}_x \\ \dot{\varepsilon}_\theta \end{Bmatrix} \tag{6-3}$$

与之相对应的压力和弯矩强度变量可以表示为

$$\dot{N}=\int_{-t/2}^{t/2}\dot{\sigma}\,\mathrm{d}z=tC\dot{\varepsilon}^0,\ \dot{M}=\int_{-t/2}^{t/2}\dot{\sigma}z\,\mathrm{d}z=\frac{t^3}{12}C\dot{\kappa} \tag{6-4}$$

如第 3 章所述，采用增量形式的 J_2 塑性形变理论，可以对塑性屈曲问题进行更好的预测（另见附录 A）。因此，本节选取增量形变理论模量 $[C_{\alpha\beta}]$ 进行计算。通过简单推导，可以获得屈曲模态为

$$\widetilde{w}=a\cos\frac{\pi x}{\lambda},\ \widetilde{u}=b\sin\frac{\pi x}{\lambda} \tag{6-5}$$

屈曲临界应力和半波长分别为

$$\sigma_{\rm C} = \left[\frac{C_{11}C_{22} - C_{12}^2}{3}\right]^{1/2}\left(\frac{t}{R}\right), \ \lambda_{\rm C} = \pi\left[\frac{C_{11}^2}{12(C_{11}C_{22} - C_{12}^2)}\right]^{1/4}(Rt)^{1/2} \qquad (6-6)$$

对于复合管而言,内衬在受压情况下的首次屈曲仍然是轴对称的均匀褶皱(图 6-6),但是由于与外管接触,衬管外部被约束,只能向内屈曲。因此,径向位移在接触点处必须满足以下条件:

$$w = w' = w'' = 0 \quad (x = \pm\lambda) \qquad (6-7)$$

将应力应变关系和几何关系等代入式(6-1),可以得到

$$C_{11}\dot{u}_{,xx} + C_{12}\frac{\dot{w}_{,x}}{R} = 0 \qquad (6-8)$$

$$-\frac{t^3}{12}C_{11}\dot{w}_{,xxxx} - \frac{t}{R}\left(C_{12}\dot{u}_x + C_{22}\frac{\dot{w}}{R}\right) = \sigma t\dot{w}_{,xx} \qquad (6-9)$$

对式(6-8)进行积分,并代入式(6-9),得到的屈曲控制方程为

$$\frac{t^2}{12}C_{11}\dot{w}_{,xxxx} + \sigma\dot{w}_{,xx} + \frac{1}{R^2}\left(C_{22} - \frac{C_{12}^2}{C_{11}}\right)\dot{w} = 0 \qquad (6-10)$$

假设径向位移为 $w = e^{kx}$,代入上式后,可以求解 k 为

$$k^2 = \frac{6}{t^2 C_{11}}\left\{-\sigma \pm \left[\sigma^2 - \frac{t^2}{3R^2}C_{11}\left(C_{22} - \frac{C_{12}^2}{C_{11}}\right)\right]^{\frac{1}{2}}\right\} \qquad (6-11)$$

可以看出,当 $\sigma^2 - \dfrac{t^2}{3R^2}C_{11}\left(C_{22} - \dfrac{C_{12}^2}{C_{11}}\right) = 0$ 时,所对应的解为单独内衬管的轴压屈曲情况。

考虑到外管对内衬的支撑对其屈曲应力有提高作用,所以可假设 $\sigma^2 - \dfrac{t^2}{3R^2}C_{11}\left(C_{22} - \dfrac{C_{12}^2}{C_{11}}\right) > 0$。因此,$k^2 < 0$,则式(6-11)的 4 个解分别为:$k = \pm ik_1$、$\pm ik_2(k_1 > k_2)$,进一步可以将径向位移写为

$$w = A_1 e^{ik_1} + A_2 e^{ik_2} + A_3 e^{-ik_1} + A_4 e^{-ik_2}$$
$$= A_1\cos(k_1 x) + A_2\cos(k_2 x) \qquad (6-12)$$

结合边界条件,根据特征值求解方法获得屈曲模态,可以表示为

$$\widetilde{w} = -a\left[3\cos\frac{\pi x}{2\lambda} + \cos\frac{3\pi x}{2\lambda}\right] \qquad (6-13)$$

临界应力和半波长为

$$\sigma_C = \frac{5}{3}\left[\frac{C_{11}C_{22} - C_{12}^2}{3}\right]^{1/2}\left(\frac{t}{R}\right), \ \lambda_C = \frac{\sqrt{3}}{2}\pi\left[\frac{C_{11}^2}{12(C_{11}C_{22} - C_{12}^2)}\right]^{1/4}(Rt)^{1/2} \qquad (6-14)$$

这种约束状态下的圆柱壳屈曲模态如图 6-7 所示。对比式(6-6)和式(6-14)可以看出,复合管的内衬屈曲临界应力要高于单独内衬的临界应力,而屈曲半波长则要比后者小。

图 6-7　复合管轴向压缩引起的内衬褶皱屈曲模态

6.3　数值模拟研究

上述小尺寸试验表明,与弯曲屈曲情况类似,轴压屈曲同样由两次塑性分支失稳所组成,而且两次失稳的发生间隔较大。因此,本节采用更精细的数值模型来研究内衬管从第一次分支失稳到最终塌陷的后屈曲行为,并对影响塌陷的诸多因素进行分析。数值仿真研究从模拟复合管的膨胀过程开始,并仍然基于第 3 章中提到的工艺设置和生产过程。在完成初始条件的导入后,对复合管进行轴压加载模拟。

6.3.1　复合管加工制造

双金属复合管的制造过程采用 ABAQUS 的轴对称模型进行仿真分析。首先,将内衬置于碳钢管的内部,然后施加内压模拟液压膨胀。内衬在初始阶段自由发生径向变形,但当内、外管间的间隙消失后,两管发生接触。根据复合管的具体设计,继续施加一定的内压,此时两管同时发生膨胀变形,当达到所需内压幅值后,开始缓慢卸载。由于弹性回复程度的不同,在内、外管间会产生一定的接触应力。本节基础算例的主要几何和材料参数见表 6-2。

表 6-2　复合管的主要几何和材料参数

参数	D^a/mm	t^a/mm	D/t	E^b/GPa	σ_o^b/MPa
外管 X65	323.9	17.9	18.09	207	448
内衬 Alloy 825	288.0	3.0	96.10	198	276

注:[a] 最终尺寸,[b] 名义值。

6.3.2　复合管轴压模型

轴压屈曲过程采用三维有限元模型模拟。如图 6-8 所示,该模型为一段长度为 $2L$、外径为 D、外管壁厚为 t、衬管壁厚为 t_L 的复合管。为提高数值计算效率,假设跨中对称(平面 $x=0$),外部碳钢管采用线性三维单元(C3D8)进行划分,与其接触的衬管采用线性壳单元(S4)。

在后续各节中除非特别说明，模型的半长为 $L=12\lambda$，其中 λ 为引入到衬管的轴对称几何缺陷特征半波长，由式(6-14)计算得到。所采用的缺陷由轴对称和非轴对称分量组成，包含 m 个环向波，如下所示：

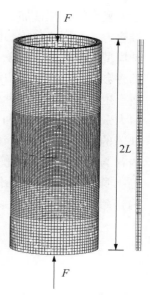

$$\overline{w}=t_{\mathrm{L}}\left[\omega_{\mathrm{o}}\cos\frac{\pi x}{\lambda}+\omega_{m}\cos\frac{\pi x}{2\lambda}\cos m\theta\right]0.01^{(x/N\lambda)^{2}}\quad(6-15)$$

在实际分析时，也可以结合实测的几何形貌，确定各分量幅值后，再引入计算模型中。本章主要基于理想屈曲模态作为几何缺陷对复合管结构进行扰动，从而开展后屈曲过程的机理性分析。所选择的几何缺陷模态如图6-9所示。

有限元模型的单元网格划分具体如下：外管在厚度方向为4个单元，内、外管在环向均有240个单元。考虑到发生屈曲和塌陷的位置可能位于跨中附近，因此将该区域的网格划分更密。根据单元网格的敏感性分析，轴向的单元分布为：

(1) $0\leqslant x\leqslant 4\lambda$，64 个单元。

(2) $4\lambda\leqslant x\leqslant 8\lambda$，28 个单元。

(3) $8\lambda\leqslant x\leqslant 12\lambda$，20 个单元。

图6-8　复合管轴压分析有限元模型

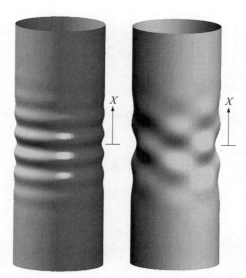

图6-9　几何缺陷引入的轴对称与非轴对称模态分量

两管之间的接触定义和设置如下：采用有限相对滑移选项，选择外管作为"接触对"的主面，内衬管的外表面作为从面。为方便计算，法向接触设置指数函数形式的软接触，另外假设摩擦系数为零。在加载方面，通过在平面 $x=L$ 设定耦合约束施加轴向压缩位移，同时约束该端面所有节点保持水平。从跨中截面，即 $x=0$ 处的单元节点提取节点力，经过累加后计算得到内、外管各自承担的内力。

　　复合管的塑性加工过程改变了两管的材料性能,也在内、外管产生了一定的残余应力和接触应力。与弯曲分析相同,轴对称模型的加工历史将通过"初始条件"引入三维模型,这需要两种模型在厚度方向的单元或积分点数量相同。包括单元的应力、应变和等效塑性应变等变量都将会导入三维模型中所对应的节点和积分点。在此过程中,两管会产生轻微的调整变形,从而产生接触压力。这种初始条件的导入也会造成模型中所引入缺陷幅值的减小。图 6 - 10 所示为 $\omega_o = \omega_m = 0.05$ 和 $N = 8$ 的初始和最终缺陷几何形状。可以看到,"膨胀"使跨中轴对称缺陷的幅值降低了约 40%。在相同的位置,$m = 8$ 的非轴对称缺陷幅值降低了近 60%,且内衬与外管的接触面积增加。这种"膨胀过程"引起的缺陷几何形状的变化不仅取决于缺陷本身,还与两管的几何和材料特性有关。因此,为了保持一致性,以下提及的缺陷幅值均为初始值。

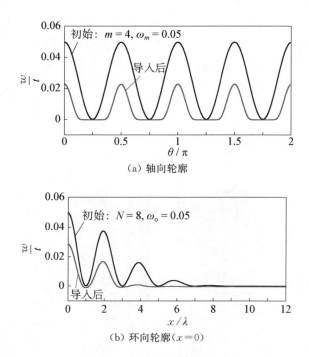

(a) 轴向轮廓

(b) 环向轮廓($x = 0$)

图 6 - 10　几何缺陷轮廓比较

6.3.3　内衬褶皱和塌陷

　　接下来,本节详细研究复合管系统在轴向压缩作用下的结构响应和稳定性。如表 6 - 2 所示,外管选择为 X65 级碳素钢,名义屈服应力 σ_o 为 448 MPa,$D/t = 18.09$,内衬管选择 825 合金材料,名义屈服应力为 276 MPa,$D/t = 96.10$。两管的泊松比 υ 均为 0.3。值得注意的是,由于内、外管在膨胀过程中都发生了塑性变形,这对其后续结构响应,尤其是屈曲演化将产生影响。

　　考虑内管含有初始缺陷的情况,所引入的轴对称和非轴对称分量的幅值分别为:$\omega_o = 0.04$、$\omega_m = 0.008$。另外,为了使几何缺陷的分布在跨中最为集中,式(6 - 15)中指数函数的

长度参数 $N=8$。 对不同环向波数 m 分别计算发现,对于所选复合管的几何和材料性能组合而言,m 的首选值为 2,它对应于最小的屈曲应变。此外,式(6-14)计算得到的半波长临界值为 $\lambda=0.23R_L$。

　　图 6-11(a)所示为计算得到的复合结构及内、外管单独的压力-变形响应 $(F-\delta_x)$。 对轴压力用外管的屈服压力 F_o $(=\sigma_o A)$ 进行归一化处理,复合管的缩短量也同样采用初始长度 L 进行归一化处理,变量 δ_x/L 其实也表示平均压应变。内衬屈曲演变的过程如图 6-12 所示,共选取 9 个时刻的内衬变形形态,分别对应于图 6-11 中的标记实心点。云图中的不同颜色标尺代表衬管与外管的分离距离 Δw。为了更清楚地展示局部形变特征与分离距离的分布梯度,共采用三种不同的颜色标尺。可以看到,在压缩过程中,首先轴对称缺陷在某时刻被激发,形成与外管分离的褶皱。图 6-11(b)所示为在 $x=0$ 处褶皱的最大分离距离 $\delta(0)$ 与压缩应变的响应(R_L 为衬管半径)。

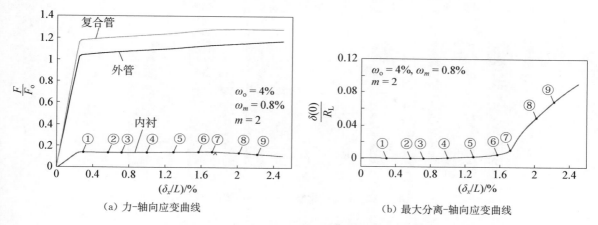

（a）力-轴向应变曲线　　　　　　　　　（b）最大分离-轴向应变曲线

图 6-11　含几何缺陷复合管的轴压屈曲响应

　　可以看出,在初始阶段,结构反力保持线性增长,复合结构在 0.25% 左右应变时开始发生屈服,内、外管都开始出现塑性变形。时刻①为刚发生屈服的内衬,可以看到图中衬管还没有出现褶皱(图 6-12)。外管部分作为主要承载结构,继续发生应变硬化,轴压力继续增加直到应变达到 1.6%。相比而言,衬管所承载的压力曲线相对较平缓,变化幅度比较小。根据 6.2 节的理论预测,衬管在应变为 0.60% 时将发生塑性屈曲,出现轴对称屈曲模态。然而,对于含缺陷复合管,在应变为 0.57% 时,即②时刻,复合管的跨中对称面出现了褶皱。有趣的是,此时衬管的变形图中,第一个褶皱只覆盖了圆周的一部分。这是因为所引入的 $m=2$ 缺陷分量导致局部幅值偏大。当继续加载后,从应变为 0.72% 的③时刻、1.0% 的④时刻到 1.30% 的⑤时刻,轴对称褶皱的数量明显增加,并覆盖了整个圆周。此外,从图 6-11(b)可以看出其幅值也随之增大,尤其是跨中附近的褶皱幅值出现了显著增长。当达到⑥和⑦时刻后,初始缺陷中的非轴对称分量也被激发,整个内衬的变形在对称平面内迅速增加。这反过来造成了内衬刚度的进一步减小,并且在平均应变为 1.75% 时,轴向力达到最大值(用符号"∧"标记)。超过这个压缩应变后,变形就集中在对称平面附近发展,导致在图 6-11(b)中观察到 $\delta(0)$ 值急剧上升。超过最大载荷后,非轴对称模态开始占据主导地位,衬管发生塌陷。屈曲塌陷模式呈

"蝴蝶"状：在跨中对称平面上形成一个主要屈曲内鼓，周围环绕着 4 个小凹陷（⑧和⑨）；在⑨点处，应变为 2.22%，最大向内鼓幅值已接近衬管半径的 7%，这个数值足以使内衬结构发生失效，但是可以看到，此时的外管仍然保持完好。将最大载荷和管间发生急剧分离时对应的平均应变定义为临界塌陷应变。可以看出，这一系列屈曲演化过程在定性上与 6.1 节中的小尺寸演示试验基本一致。

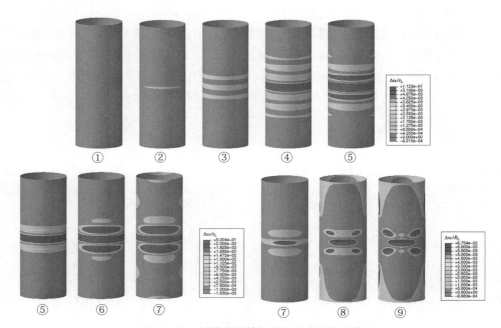

图 6 - 12   衬管的褶皱与塌陷屈曲演化过程

6.4   缺陷敏感性分析

在无缝钢管的生产过程中，会在钢管内壁留下与加工工艺（穿孔、轧制和外部精加工等）有关的几何特征和缺陷（Kyriakides 和 Corona，2007）[12]。当薄层内管贴着外管内壁进行塑性胀形加工时，这些几何特征将被"印刻"到内衬上。在对衬管内表面进行激光扫描后发现（Harrison 等，2016），这种印在内衬表面的几何缺陷具有无缝外管制造过程所特有的环向和轴向波特征。由于篇幅所限，本章不针对几何缺陷特征的来源展开分析，在这里我们通过改变几何缺陷变量 ω_o、ω_m 和 m，研究这些几何参数对塌陷应变的影响，并对其进行评估。本节中所采用的轴向波长来自 6.2 节中的临界屈曲波长，模型的长度继续选择 12λ，指数函数中的控制系数仍然为 $N = 8$。

在这种参数设置条件下，图 6 - 13 所示为固定 ω_m 和 m，不同 ω_o 值条件下，衬管轴向力 (F_L/F_o) 和最大分离距离 $[\delta(0)/R_L]$ 随轴向应变的变化曲线。从图中可以看出，对于所有的缺陷情况，衬管从初始线性增长到发生屈服的变化过程都比较突然，在屈服后便很快进入到一个相当平稳的应力平台，直到发生最后的塌陷失效。变形最严重的褶皱发生在 $x = 0$ 处，它在开始阶段随应变缓慢增长，但在接近 $m = 2$ 阶屈曲模态时突然开始塌陷。如果将最大荷载时刻和分离快速增长时刻的应变联系起来，可以明显看出，塌陷对这种几何缺陷极其敏感，这与弯曲屈曲相似。分析中所采用的缺陷幅值仅为 $0.06t_L$,而且是膨胀前的数值,也就是说引入的轴对称缺陷幅值为 $0.18\,\mathrm{mm}$,而实测的内衬几何形貌显示复合管的缺陷可能还不止于此 (Harrison 等,2016)[18]。对于这种缺陷变量和幅值的组合,已能够导致塌陷应变减少 32%。这里需要提及的一点是,在所有 F-δ_x 响应中,都在初始阶段出现轴向压力的轻微下降现象,这种变化是与复合管的液压塑性成形过程直接相关的。

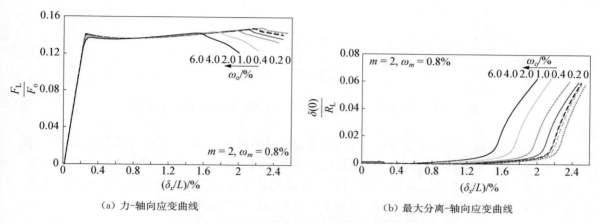

(a) 力-轴向应变曲线　　　　　　　　　(b) 最大分离-轴向应变曲线

图 6-13　轴对称缺陷幅值对衬管屈曲响应的影响

同样的,在保持 ω_o 和 m 不变的情况下,改变 ω_m 的幅值来分析它的影响。图 6-14 所示为 $0 \leqslant \omega_m \leqslant 0.04$ 对应的结果。可以看出,总体的响应曲线与图 6-13 非常相似,塌陷应变对非轴对称缺陷也表现出类似于 ω_o 的敏感性。将塌陷时刻的平均应变 $\bar{\varepsilon}_{CO}$ 与两种缺陷幅值画在一起,如图 6-15 所示。我们发现,轴压塌陷应变对两者的敏感性大致相同,但是对非轴对称缺陷稍微更加敏感一些,这与第 3 章弯曲趋势是完全相反的。图中还包括塑性失稳理论计算的结果,$\varepsilon_c = 0.60\%$。可以看出,这个理论预测值比参数分析中所有考虑的缺陷幅值组合结果都要低。

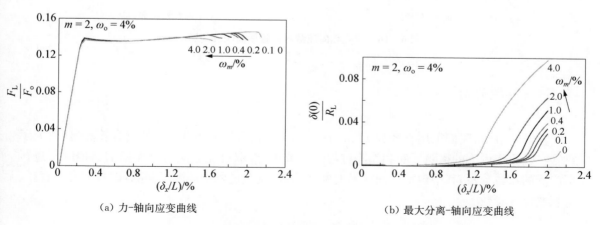

(a) 力-轴向应变曲线　　　　　　　　　(b) 最大分离-轴向应变曲线

图 6-14　非轴对称缺陷幅值对衬管屈曲响应的影响

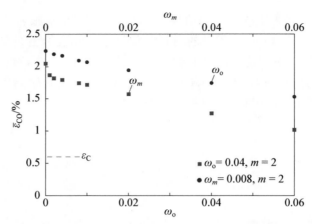

图 6‑15　塌陷应变对轴对称(ω_o)和非轴对称(ω_m)缺陷幅值的敏感性

接下来,考虑非轴对称缺陷环向波数的影响,这需要改变式(6‑15)中采用的 m 值。图 6‑16 所示为 5 个不同 m 值的计算结果,保持基础算例参数和 ω_o 和 ω_m 值不变。从内衬的力‑应变及最大分离距离‑应变响应曲线可以看出,缺陷的环向波数对内衬的塌陷影响不是很大,但是当 $m=2$ 时塌陷应变达到最低,这也是上述基础算例中采用第二模态的原因。

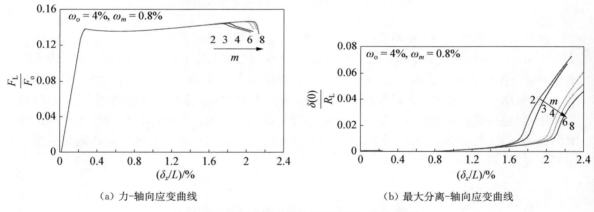

（a）力‑轴向应变曲线　　　　　　　（b）最大分离‑轴向应变曲线

图 6‑16　缺陷环向波数对衬管屈曲响应的影响

6.5　参数分析

在前一节中,我们采用直径为 12 in、$D/t \approx 18$、衬管厚度为 3 mm 的复合管算例,研究了衬管在轴压作用下的褶皱屈曲和塌陷过程。本节中,选取可能影响衬管塌陷的其他因素进行更广泛的参数分析,其中包括管间接触的摩擦系数、制造过程中的装配间隙,以及复合管直径、衬管壁厚等参数。

6.5.1　摩擦系数

在上述基础算例中并没有考虑摩擦的影响。本小节重新模拟 12 in 复合管从膨胀加工到轴压屈曲的整个过程,所考虑摩擦系数分别为 0.2、0.3 和 0.4。图 6-17 所示为包括 $\mu=0$ 情况在内的 4 组计算结果。从结果分析可知:

(1)摩擦对复合管的膨胀加工影响不大。膨胀加工过程对轴压屈曲的主要影响来自衬管力学性能和残余应力的改变。

(2)在轴压作用下,摩擦对膨胀加工后的衬管的稳定性有一定的影响。如图 6-17 所示,随着摩擦系数的增大,塌陷有所延迟。此外,摩擦还会影响塌陷的变形程度,增大摩擦将使其更加局部化。然而,总体来说,至少对于本研究中引入衬管缺陷的理想方式而言,摩擦的影响不是很大,并没有改变结构行为,因此在后续的参数分析中不再单独考虑摩擦影响。

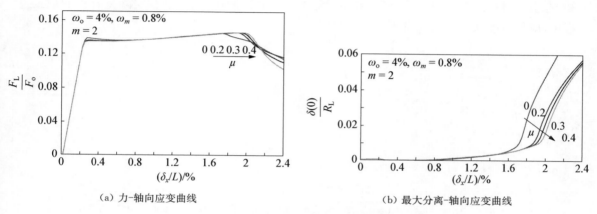

（a）力-轴向应变曲线　　　　　　　（b）最大分离-轴向应变曲线

图 6-17　摩擦对衬管屈曲响应的影响

6.5.2　基/衬装配间隙

在弯曲屈曲分析中,可以发现加工阶段的基/衬装配间隙影响着内衬在后续载荷作用下的屈曲和塌陷。因此,选择 $g_o=0.5g_{ob}$、$1.0g_{ob}$、$1.5g_{ob}$、$2.0g_{ob}$,共 4 种间隙幅值,再次模拟复合管的膨胀过程。图 6-18 所示为这 4 种情况的归一化应力与径向位移(w_o/g_{ob})的变化曲线,其中 g_{ob} 是基础算例的间隙。每个衬管响应中的最大应力对应于内、外管的接触时刻,随后的低应力段则发生在两管同时膨胀阶段。随着间隙的增加,衬管在接触到外管前需要经历

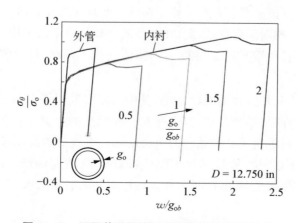

图 6-18　不同装配间隙下的环向应力-位移响应

更大的变形。由于衬管材料的硬化增加,造成卸载时刻的内、外管环向应力差异减少,这使得当撤去内压后,两管残余应力和接触应力都发生降低。

如前所述,膨胀过程需要采用"初始条件"的形式导入轴压计算模型。由于残余应力会降低几何缺陷的幅值,各复合管的初始 ω_o 和 ω_m 值需要进行调整,本节将把导入加工影响后的残余缺陷幅值控制在 $\overline{w} = 0.024\,5t_L$。 这 4 个 g_o 值对应的衬管压力-平均轴向应变及最大分离-平均轴向应变响应如图 6-19 所示。由于 g_o 的增加,衬管的应变硬化效应增大,导致其在更大的应力下进入塑性,但也带来更早的塌陷。有趣的是,可以观察到最大间隙情况的塌陷应变比最小间隙的低约 50%,这一结果与弯曲情况相似。比较轴压和弯曲情况的 g_o 敏感性可知:在实际可行的范围内,应该尽量减小两管之间的装配间隙。为此,在实际复合管的加工过程中,应尽可能保证加工管道的直度和圆度。

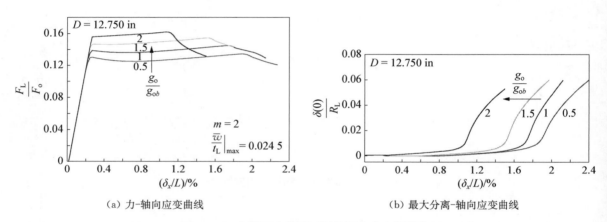

（a）力-轴向应变曲线　　　　　　　　　（b）最大分离-轴向应变曲线

图 6-19　初始环空间隙对衬管屈曲响应的影响

6.5.3　管道直径

接下来考虑不同直径复合管的情况,选取的直径分别为 8.625 in、10.75 in、14.0 in 和 16 in(记为 8 in、10 in、14 in 和 16 in)。在改变直径时,保持外管的 D/t 为 18.1,衬管的厚度也保持在 3 mm 不变。需要注意的是,由于直径的改变,衬管的 R_L/t_L 也发生变化,所引入几何缺陷式(6-15)中的半波长也需要重新计算。在环向波数的选择方面,经过计算发现 $m = 2$ 仍然对应各直径情况最小的塌陷应变,因此,在本节的比较分析中都采用了第二模态作为非轴对称分量。另外,对不同直径情况的 ω_o 和 ω_m 的幅值进行了调整,使得膨胀后的缺陷最大值为 $(\overline{w}/R_L)\,|_{\max} = 0.516 \times 10^{-3}$。

图 6-20 所示为这 5 种管径的对比结果,其中轴向力采用了 12 in 基础算例的屈服力 F_{ob} 进行归一化。虽然总体曲线形状类似,但也存在一些重要的差异。首先,正如预期的那样,随着复合管直径的增加,衬管所承载的轴向力也会增加。更重要的是,塌陷时的压溃应变出现减小趋势。衬管的这种不稳定特性是 R_L/t_L 随外管直径 D 改变而增大的直接结果,当直径从 8 in 增加到 16 in 时,塌陷应变降低了约 50%。在相似的缺陷幅值水平下,弯曲塌陷曲率(或应变)的下降幅度约为 40%。

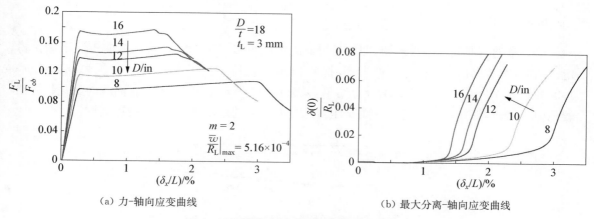

（a）力-轴向应变曲线　　　　　　　　　　（b）最大分离-轴向应变曲线

图 6 - 20　管道直径对衬管屈曲响应的影响

6.5.4　内衬壁厚

内衬管壁厚对复合管在弯曲作用下的屈曲和塌陷行为具有关键作用（Yuan 和 Kyriakides，2014a；Tkaczyk 等，2011）[19-20]。本节仍将采用表 6 - 2 中所示的 12 in 复合管来研究壁厚的影响，所选内衬厚度为 2.0 mm 到 4.5 mm 之间的 6 个值。针对每种复合管，保持初始加工间隙不变，材料力学性能不变。虽然仍然选择式（6 - 15）所定义的几何缺陷，但由于内衬厚度的改变，屈曲半波长也需要进行重新计算。在环向波数的选择方面，试算结果显示 $m = 2$ 仍然对应最低的塌陷应变，因此，本节的研究中将继续沿用第二模态。在分别模拟液压膨胀加工过程后，将初始应力等变量导入三维模型。针对不同厚度情况调整 ω_{o} 和 ω_{m} 的幅值，以膨胀后幅值的绝对值相同为基准，保证 $(\overline{w}/R_{\text{L}})\big|_{\text{max}} = 0.516 \times 10^{-3}$。

图 6 - 21 所示为轴向力和最大分离距离与平均轴向应变的响应曲线。虽然各模型的大致特征与 3 mm 的基础算例相似，但是随着壁厚的增加，衬管承载的力增大，屈曲和塌陷被推迟。换句话说，增加内衬管壁厚具有类似于在提升抗弯水平和稳定性的效果。另一方面，由于耐腐蚀金属成本较高，需要结合具体载荷工况，选择最合适的设计厚度。

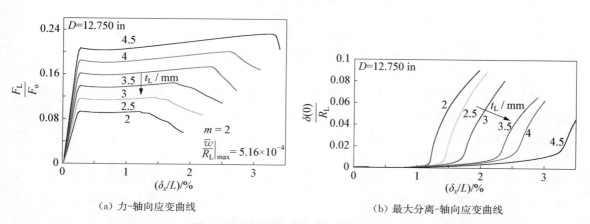

（a）力-轴向应变曲线　　　　　　　　　　（b）最大分离-轴向应变曲线

图 6 - 21　衬管壁厚对屈曲响应的影响

6.5.5　内压

第 3 章的弯曲屈曲结果表明,即使是较低的内压也可以帮助复合管在弯曲工况下保持稳定。因此,本节仍以 12 in 复合管为例,探究内压对轴压工况的有效性。内压为 0.69 bar、1.38 bar、1.72 bar 和 2.07 bar 的计算结果,如图 6‑22 所示。可以看到,各曲线的变化趋势比较相似。然而,即使是最小的 0.69 bar 压力也具有显著的稳定作用,塌陷被逐渐推迟。

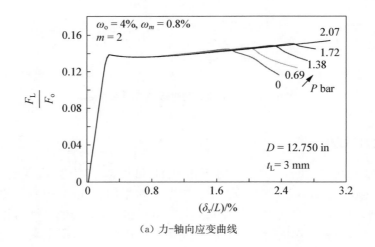

(a) 力-轴向应变曲线

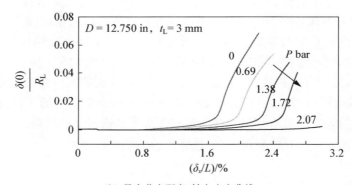

(b) 最大分离距离-轴向应变曲线

图 6‑22　衬管壁厚对内衬屈曲响应的影响

以 2.07 bar 的压力结果为例,可以看到,即使在相对较高的 3% 压缩应变时,衬管也没有发生塌陷。在大多数的油气输运中,复合管的运营内压就可以达到这个压力范围,这对于避免潜在发生的轴压屈曲有很大帮助,但仍需对检修等运维过程中压力的骤减情况特别注意。Weingarten 等(1965)[21] 很早就研究了内压对弹性圆柱壳的稳定作用,有关内压对塑性屈曲影响的研究在 Paquette 和 Kyriakides(2006)[22] 也有提及。在这两种屈曲分析中,涉及的环向应力水平(由内压导致)都高于复合管衬管的应力水平。对圆柱壳或管道而言,相对较高的压力水平会降低缺陷的幅值,从而延迟屈曲。而复合管的屈曲问题则涉及单侧屈曲,即使是不太大的内压也会抑制皱褶和内鼓。

参 考 文 献

［1］ Jiao R, Kyriakides S. Ratcheting, wrinkling and collapse of tubes under axial cycling ［J］. International Journal of Solids and Structures, 2009,46(14－15):2856－2870.

［2］ Jiao R, Kyriakides S. Ratcheting and wrinkling of tubes due to axial cycling under internal pressure: Part I experiments ［J］. International Journal of Solids and Structures, 2011,48 (20):2814－2826.

［3］ Bardi F C, Kyriakides S. Plastic buckling of circular tubes under axial compression — part I: Experiments ［J］. International Journal of Mechanical Sciences, 2006,48(8):830－841.

［4］ Focke E S. Reeling of Tight Fit Pipe ［D］. Delft: Delft Technical University, 2007.

［5］ Yuan L, Kyriakides S. Liner wrinkling and collapse of bi-material pipe under axial compression ［J］. International Journal of Solids and Structures, 2015,60－61:48－59.

［6］ Zhu Z, Yang L, Wang F, et al. Study on composite action and bearing capacity of the offshore lined pipe under axial compression ［J］. Ocean Engineering, 2019,37(4):98－106.

［7］ Bu Y, Yang L, Zhu Z, et al. Testing, simulation and design of offshore lined pipes under axial compression ［J］. Marine Structures, 2022,82:103147.

［8］ Tvergaard V. On the transition from a diamond mode to an axisymmetric mode of collapse in cylindrical shells ［J］. International Journal of Solids and Structures, 1983,19(10):845－856.

［9］ Yun H, Kyriakides S. On the beam and shell modes of buckling of buried pipelines ［J］. Soil Dynamics and Earthquake Engineering, 1990,9(4):179－193.

［10］ Kyriakides S, Bardi F C, Paquette J A. Wrinkling of circular tubes under axial compression: effect of anisotropy ［J］. ASME J, 2005,72(2):301－305.

［11］ Bardi F C, Kyriakides S, Yun H. Plastic buckling of circular tubes under axial compression — part II: Analysis ［J］. International Journal of Mechanical Sciences, 2006,48(8):842－854.

［12］ Kyriakides S, Corona E. Mechanics of Offshore Pipelines: Volume 1 Buckling and Collapse. Elsevier ［M］. Amsterdam: Elsevier, Oxford, UK and Burlington, Massachusetts, 2007.

［13］ Peek R, Hilberink A. Axisymmetric wrinkling of snug-fit lined pipe ［J］. International Journal of Solids and Structures, 2013,50(7－8):1067－1077.

［14］ Shrivastava S. Elastic/plastic bifurcation buckling of core-filled circular and square tubular columns ［C］//Proc. 16th US National Congress of Theoretical and Applied Mechanics, State College, PA, 2010.

［15］ Lee L H N. Inelastic buckling of initially imperfect cylindrical shells subject to axial compression ［J］. Journal of the Aerospace Sciences, 1962,29(1):87－95.

［16］ Batterman S C. Plastic buckling of axially compressed cylindrical shells ［J］. American Institute of Aeronautics and Astronautics Journal, 1965,3(2):316－325.

［17］ Peek R. Axisymmetric wrinkling of cylinders with finite strain ［J］. Journal of Engineering Mechanics, 2000,126(5):455－461.

［18］ Harrison, B, Yuan, L, Kyriakides, S. Measurement of Lined Pipe Liner Imperfections and the Effect on Wrinkling and Collapse Under Bending [C]//35th International Conference on Ocean, Offshore and Arctic Engineering, 2016: OMAE2016 - 54539.

[19] Yuan L, Kyriakides S. Liner wrinkling and collapse of bi-material pipe under bending [J]. International Journal of Solids and Structures, 2014a, 51(3 - 4):599 - 611.

[20] Tkaczyk T, Pepin A, Denniel S. Integrity of mechanically lined pipes subjected to multi-cycle plastic bending [C]//30th International Conference on Ocean, Offshore and Arctic Engineering, 2011: OMAE2011 - 49270.

[21] Weingarten V I, Morgan E J, Seide Paul. Elastic stability of thin-walled cylindrical and conical shells under combined internal pressure and axial compression [J]. American Institute of Aeronautics and Astronautics Journal, 1965,3(6):1118 - 1125.

[22] Paquette J A, Kyriakides S. Plastic buckling of tubes under axial compression and internal pressure [J]. International Journal of Mechanical Science, 2006,48(8):855 - 867.

第 7 章

拉弯作用下复合管的结构行为及屈曲塌陷

　　在海底管道的安装和运行阶段,管道会承受拉力、弯曲、扭矩和外压等不同载荷的组合作用[1-2]。例如,在 S 型铺管和卷管铺管过程中,放置在托管架或卷筒上的管道会受到弯曲和拉力的共同作用(图 7 - 1)。这种组合载荷作用将带来不同于单一拉力或弯曲的结构响应,可能会带来较大的塑性变形及管道截面椭圆化和局部屈曲的发生(Dyau 和 Kyriakides,1992;Kyriakides 和 Corona,2007)[3,9]。另外,在金属管的冷成形加工过程中也涉及相关的组合载荷作用问题,并引起了诸多关注(Miller 等,2001)[4]。在过去的几十年里,不同工业领域的研究人员对这种组合载荷作用下的管道力学行为进行了广泛的研究,开展了大量试验、数值模拟和理论研究工作(Kyriakides 等,1989;Netto 和 Estefen,1994;Gong 等,2015)[5-7]。对于本书所关注的双金属复合管而言,除了上述管道截面变形外,也可能会导致内、外管的分离及内衬的起皱甚至塌陷。目前,针对复合管在不同加载路径情况下拉、弯组合作用的研究仍然比较有限。

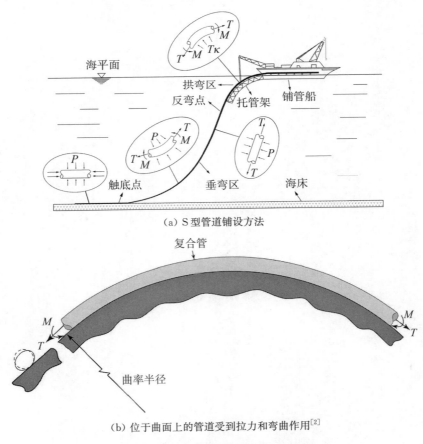

(a) S 型管道铺设方法

(b) 位于曲面上的管道受到拉力和弯曲作用[2]

图 7 - 1　管道受拉弯组合作用示意图

本章结合实际工程中经常遇到的沿刚曲面弯曲和拉力组合作用工况,对复合管在不同路径下的力学行为进行阐述,重点关注复合管在椭圆化变形、内衬的屈曲机理以及极限承载能力,这部分内容主要取自文献[8]中的研究工作。首先,根据不同研究目的,分别建立了椭圆化分析和局部屈曲分析专用有限元模型,即准二维(Quasi‐2D)和三维模型(3D)。然后,针对两种不同拉力和弯曲的加载路径,分别为弯曲→拉伸和拉伸→弯曲的载荷作用工况,进行模拟分析,并对内、外管的结构响应和屈曲演化进行了详细对比分析。最后,围绕不同弯曲曲率、拉力幅值和内压水平进行了参数分析,着重研究了不同加载路径下“稳定”内压阈值的差异性问题。

7.1　有限元模型

为了更合理地描述管道的椭圆化变形和局部屈曲现象,共建立两种类型的有限元模型,包括 Quasi‐2D 和 3D 模型。模拟复合管加工过程的轴对称模型此处不再赘述。

考虑到整体结构和载荷关于 x‐z 平面和 x‐y 平面的对称性,只建立四分之一的管道模型。管道底部的刚性支承由半径为 ρ 的解析刚体来模拟。对于弯曲加载,是通过对位于管道端部面中心的参考点施加转角 ϕ 来实现的。此外,将该参考点与截面上的所有节点通过耦合约束,使得各节点能够始终在同一平面内运动。同时,轴向拉伸载荷也是通过这个参考点来施加的。

所建立的 Quasi‐2D 模型如图 7‐2 所示,模型长度仅为直径的 $3\%(L=3\%D)$。由于长度很小,从而可以避免管道发生局部屈曲的现象。外管的单元类型为 8 节点线性单元 C3D8,而内衬选用的是 4 节点线性壳体单元 S4。两管网格密度在轴向、环向和径向都为均匀分布,其中外管的网格划分数量为 $\{z, \theta, t\} = \{4, 64, 4\}$,内衬的网格分布数量为 $\{z, \theta, t\} = \{4, 64, 1\}$。如前所述,该模型主要用于分析管道的椭圆化变形,以上设置可以保证管道沿轴向呈现均匀的变形。

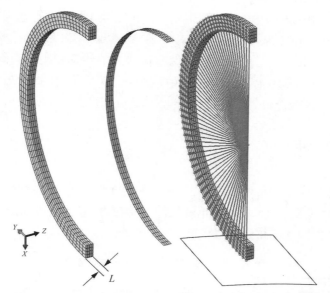

图 7‐2　Quasi‐2D 有限元模型,从左到右依次为外管、内衬和复合管

为了准确捕捉到复合管的局部屈曲演变过程,还建立了如图 7‐3 所示的 3D 模型。模型由“实测段”和“过渡段”组成,其中“过渡段”包括两个不同网格密度设置的管段。“实测段”的

复合管长度为 $s_o = 6.2D$，在轴向上分布有 300 个单元。紧邻"实测段"设置有一段长度为 $s_o = 6.2D$ 的"过渡段"，轴向采用"偏重"（Biased）网格密度的布种方式设置有 60 个单元。由于以 0.9 mm 作为加密基础，所以网格尺寸上看起来差别不是很大。此外，环向的网格分布对受压和受拉侧进行了加密设置，分别为 $\{30°,120°,30°\} = \{16,32,16\}$。如何准确测量复合管的局部曲率尤为重要，因此模型中采用附着在管道外表面的 B31 梁单元来进行监测。梁单元的横截面为方形，宽度为 0.01 mm，厚度仅为 0.001 mm，其材料性能参数为：$E = 200\,\text{GPa}$，$\nu = 0.3$。由于梁的刚度很小，所以几乎不影响复合管的结构响应。"过渡段"的第二个管段使用壳单元 S4 建模，所采用的等效厚度能够保证其刚度和复合管的刚度几乎相同。为了提升计算效率，壳体管段采用相对较粗的网格密度 $\{z,\theta,t\} = \{60,30,1\}$。在"实测段"和"过渡段"的交汇处，采用"SHELL-TO-SOLID"方式将两端管段连接起来，同时模型中还采用"TIE"约束将内衬和外管的边缘绑定在一起。

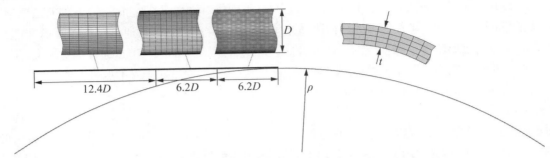

图 7-3　复合管 3D 有限元模型的几何结构设置和网格分配

在接触定义中采用了严格的"MASTER-SLAVE"接触设置，外管选为主面，内衬为从面，并选用有限滑移选项。由于摩擦的影响相对较小（Vasilikish 和 Karamanos，2012；Yuan 和 Kyriakides，2014a，2020）[10-12]，所以假设为无摩擦状态。外管和刚曲面间的接触设置方面，选择刚曲面为主面，外管为从面。此外，在法向接触定义中，采用指数形式的"PRESSURE-OVERCLOSURE"软接触设置，其中压力和间隙参数分别设为 0.7 MPa 和 0.002 54 mm。

7.2　数值模拟分析

本节以 12 in 复合管为研究对象，它为由 X65 碳钢外管和 825 合金内衬组成。两管的材料参数及制造前的尺寸见表 7-1，材料的单轴拉伸试验应力-应变曲线如图 7-4 所示。在数值模型中，两管均由各向同性硬化的有限变形材料来模拟。

表 7-1　复合管的主要几何和材料参数

参数	D^a/mm	t^a/mm	E^b/GPa	σ_o^b/MPa	UTS[b]	ε_{max}^b	ν	ρ/mm
外管 X65	320.0	18.0	207	448	628	23.9%	0.3	17 310.0
内衬 Alloy 825	277.0	3.0	198	276	653	36.1%	0.3	

注：[a] 初始值，[b] 名义值。

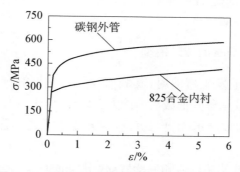

图 7-4 外管和内衬材料的名义应力-应变曲线

这里主要考察拉力和弯曲作用下的两种加载路径情况,即弯曲→拉伸(记为 $\kappa \rightarrow T$)和拉伸→弯曲(记为 $T \rightarrow \kappa$)。在基础算例中,刚曲面半径为 $17.31\,\mathrm{m}(\rho)$,同时施加的拉力设为其屈服拉力的 20%。

在拉力和弯曲加载之前,首先使用轴对称有限元模型对复合管的液压膨胀过程进行数值模拟。两管的内压-内衬环向应变和环向应力-环向应变关系曲线如图 7-5 所示。在这里,压力和环向应力分别由外管的屈服压力 $P_\mathrm{o}[P_\mathrm{o}=2\sigma_\mathrm{o}t/(D-t)]$ 和屈服应力 σ_o 进行归一化。如图所示,内衬在初始阶段先独自膨胀并进入塑性状态(①→②),然后两管同时发生径向膨胀(记为复合管),并使得外管随即进入塑性(②→③)。在完成液压膨胀加工后,两管的厚度都略有减小,分别为 $17.91\,\mathrm{mm}$ 和 $2.91\,\mathrm{mm}$,而碳钢管的外径达到 $322.91\,\mathrm{mm}$。此外,卸载后两管之间产生了 $1.75\,\mathrm{MPa}$ 的接触应力。通过提取液压成形引起的残余应力和应变,将应力和应变状态转移到 Quasi-2D 和 3D 模型的单元节点和积分点上。在上述过程中,两管发生轻微的变形,并产生接触压力。

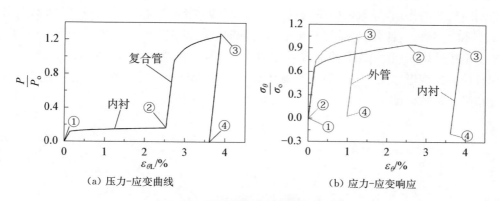

(a) 压力-应变曲线   (b) 应力-应变响应

图 7-5 液压膨胀过程中的结构响应

本节所开展的椭圆化分析主要针对完善几何条件的复合管,而局部屈曲分析则考虑了具有典型几何缺陷的复合管。值得注意的是,当对弯曲管段施加拉力时,需要侧向分布载荷来维持结构系统的平衡,换句话讲,轴向载荷是由曲面作用于管道的接触力来平衡的。因此,在 $\kappa \rightarrow T$ 和 $T \rightarrow \kappa$ 路径的第二加载阶段,刚面的反作用力就会显现出来。本节首先采用复合管

Quasi-2D 模型分析组合加载过程中两管椭圆率的增长和内衬的分离情况，然后利用 3D 有限元模型进行椭圆化和局部屈曲分析。

7.2.1　椭圆化分析-Quasi-2D 模型

当复合管沿着刚曲面上发生弯曲时，其截面往往会呈现椭圆化（Kyriakides 和 Corona，2007）[9]，这会削弱管道继续承载其他载荷的能力。此外，由于内衬较薄，且比外管更容易受到局部屈曲的影响，这种削弱效应可能更为突出，因此需要了解两管在拉弯组合作用下的结构响应。

在导入加工制造引起的初始应力和应变后，利用 Quasi-2D 模型对复合管沿两种路径进行加载。对于 $\kappa \rightarrow T$，首先使管道沿刚面弯曲到指定曲率 $\kappa^* = 1/\rho = 0.3\kappa_1$，并同时保持轴向拉力等于零，随后保持曲率不变，施加轴向拉力到 $T^* = 0.2T_{\mathrm{o}}$。为统一起见，基于外管特性定义如下归一化变量：

$$T_{\mathrm{o}} = \sigma_{\mathrm{o}}\pi D_{\mathrm{o}}t, \; M_{\mathrm{o}} = \sigma_{\mathrm{o}}D_{\mathrm{o}}^2 t, \; \kappa_1 = t/D_{\mathrm{o}}^2, \; D_{\mathrm{o}} = D - t \qquad (7-1)$$

式中　T_{o}——屈服拉力；

　　　M_{o}——全塑性弯矩；

　　　κ_1——曲率参数。

图 7-6(a)和(b)所示为外管和内衬的弯矩-曲率和弯矩-拉力响应。可见，弯矩最初呈线性增长，然后随着曲率的增加，材料逐渐进入塑性化，曲线也随之发生弯曲。在随后的拉伸阶段，随着拉力的增长，弯矩幅值发生近似线性的降低。图 7-6(c)和(d)所示为相应的椭圆率-曲率和椭圆率-拉力响应，这里的椭圆率是根据内、外管各自的直径变化来计算的 $\Delta D/D$。虽然其增长曲线略有弯曲，但随着曲率的增加，内衬和外管的椭圆率都呈现出单调增长的趋势，并在弯曲结束时分别达到 0.24% 和 0.27%。随后，当拉力升高时，管道受到来自刚曲面逐渐增加的侧向载荷的作用，导致椭圆率的进一步上升并近似线性增长，在完成 T^* 加载时分别达到 0.32% 和 0.36%。此外，外管受拉侧的最大轴向应变如图 7-6(e)和(f)所示。可见，轴向应变几乎呈线性增长，在完成弯曲加载后达到 0.93%，并在拉伸后增长到 1.00%。复合管在弯曲和拉伸后的变形如图 7-7 所示，其颜色标尺代表 Mises 应力水平，可见复合管沿轴向的应力分布是非常均匀的。

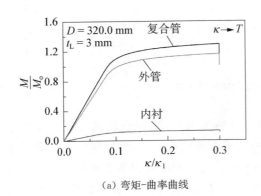

(a) 弯矩-曲率曲线　　　　　　　　　　　(b) 弯矩-拉力曲线

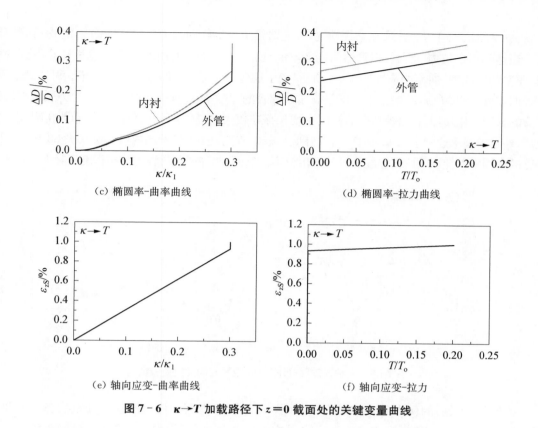

（c）椭圆率-曲率曲线　　　　　（d）椭圆率-拉力曲线

（e）轴向应变-曲率曲线　　　　（f）轴向应变-拉力

图 7-6　$\kappa \rightarrow T$ 加载路径下 $z=0$ 截面处的关键变量曲线

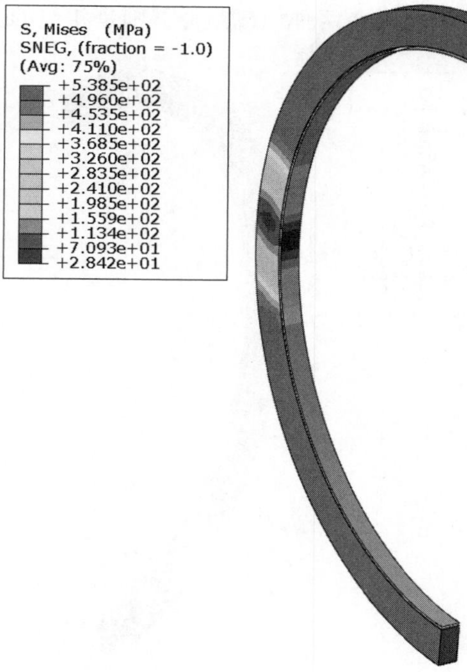

（a）弯曲 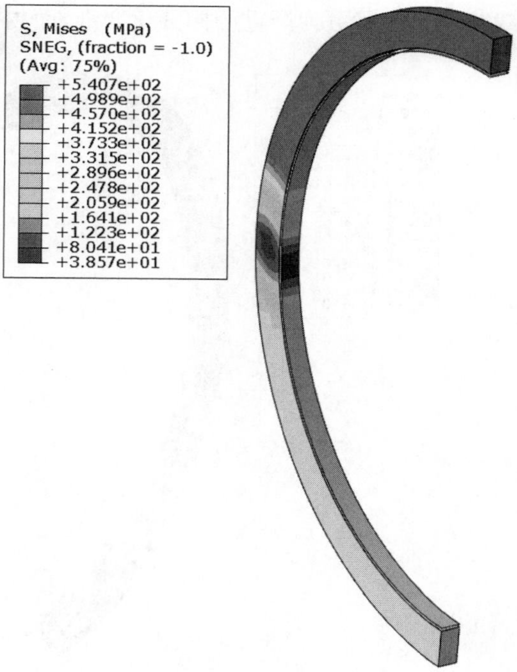　　　　　　　　（b）拉伸

图 7-7　$\kappa \rightarrow T$ 加载路径下复合管的变形图

另一方面,对于 $T \rightarrow \kappa$ 加载路径情况,首先对管道施加轴向拉力 $T^* = 0.2T_\circ$,并保持管道笔直。当达到指定拉力 T^* 后,将管道沿刚面弯曲到 $\kappa^* = 0.3\kappa_1$ 的曲率水平。通过计算得到的弯矩-曲率和椭圆率-曲率响应如图 7-8 所示,图中还包括了 $\kappa \rightarrow T$ 路径的计算结果。可以观察到,两种加载路径的 M-κ 结果相似,但 $T \rightarrow \kappa$ 加载路径的弯矩稍低。这可以归结于预拉力引起的轴向应力的影响。相反,两种路径情况的椭圆率增长存在较大差异,$T \rightarrow \kappa$ 加载路径的椭圆化程度显然更高,外管椭圆率达到了 0.45%,而内衬达到了 0.50%,比 $\kappa \rightarrow T$ 算例的内衬椭圆率大 38.9%。内、外管的椭圆率差异表明内衬已经和外管发生分离。然而,两种加载历程的分离程度实际上都很小。

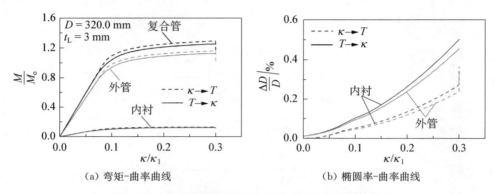

(a) 弯矩-曲率曲线   (b) 椭圆率-曲率曲线

图 7-8　两种加载路径下 $z=0$ 截面处的关键变量曲线

各加载阶段后的应力分布如图 7-9 所示,可以再次观察到均匀的应力分布状态。需要强调的是,在 Quasi-2D 模型中没有考虑除了均匀椭圆化外的其他失稳情况。总的来说,$T \rightarrow \kappa$ 加载路径导致了更为严重的椭圆化变形,而内衬分离的增长在两种加载路径下则是相似的。

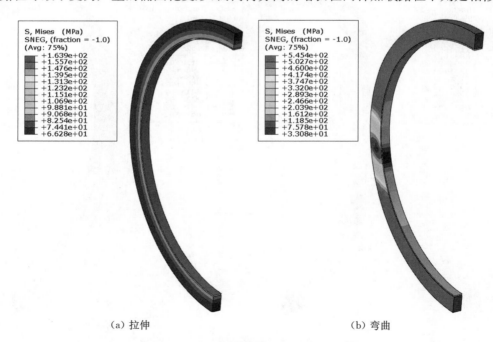

(a) 拉伸   (b) 弯曲

图 7-9　$T \rightarrow \kappa$ 加载路径下复合管的变形图

7.2.2　椭圆化分析-3D 模型

刚曲面作用在管道侧向的反作用力往往会导致其受力及结构响应沿着轴向方向是变化的,而 Quasi-2D 模型是难以捕捉到这种三维效应的。因此,本节采用 3D 模型,首先研究完善几何管道在两种不同的加载路径下的结构响应。

$\kappa \to T$ 加载路径的弯矩-曲率和弯矩-拉力响应结果,如图 7-10 所示,图中采用虚线显示了 Quasi-2D 模型的结果,可见与 3D 模型的计算结果基本吻合。图 7-11 所示为“实测段”的变形过程,并叠加了以应力水平为色阶的云图。在整个加载过程中,可以观察到沿长度的均匀变形。在图③中,整个“实测段”已经和曲面接触,达到 $0.3\kappa_1$ 的曲率。如同预期,弯曲阶段(①→③本质上是纯弯曲状态)的弯矩变化,与 Quasi-2D 分析几乎相同。从③到⑤,对管道逐渐施加后续的拉力,这导致管道受到侧向反作用力的作用。图④和⑤表示拉力分别达到 $0.1T_0$ 和 $0.2T_0$ 时的结果。与③处的纯弯状态相比,中性轴位置出现了一定程度的下移。

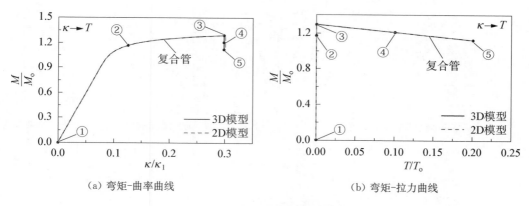

（a）弯矩-曲率曲线　　　　　　　（b）弯矩-拉力曲线

图 7-10　$\kappa \to T$ 加载路径的弯矩变化曲线

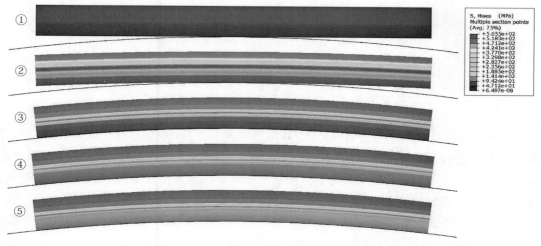

图 7-11　$\kappa \to T$ 加载路径下复合管变形图

对于 $T \rightarrow \kappa$ 加载路径,图 7 - 12(a)所示为跨中处复合管弯矩和两管椭圆率随旋转角 ϕ 的变化。此外,轴向应变和局部曲率的结果如图 7 - 12(b)所示。可见,预测的弯矩随转角的增加而增大,并呈现出初始的线弹性阶段、弯曲状的塑性化阶段和后期的平台阶段。另外,随着 ϕ 的增长,两管的椭圆率均呈非线性增长,且内衬的椭圆率较大。在第一次接触后不久(点③),即 $\phi = 6.72°$ 时,椭圆率分别达到最大值 0.81% 和 0.90%,然后出现下降(Dyau 和 yriakides,1992 及 Yuan 和 Kyriakides,2020 在卷管中的类似发现)[3,9]。在 $\phi = 7.58°$ 后(点④),管道在跨中处和曲面完全接触。此后,弯矩、椭圆率、应变和曲率保持不变。特别是椭圆率,在拉力和刚曲面反作用力的共同作用下,分别达到了 0.62% 和 0.68%。这些值大约是由 $\kappa \rightarrow T$ 加载路径引起的幅值的 2 倍左右。此外,图 7 - 12(c)所示为接触长度随旋转角 ϕ 的变化。

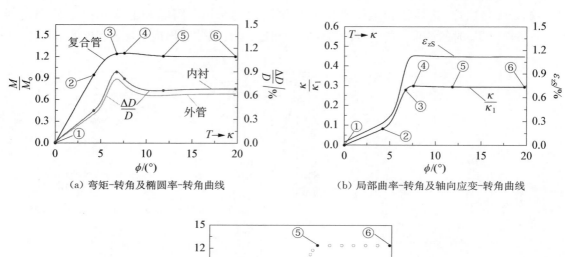

(a) 弯矩-转角及椭圆率-转角曲线 (b) 局部曲率-转角及轴向应变-转角曲线

(c) 接触长度-转角曲线

图 7 - 12　$T \rightarrow \kappa$ 加载路径的 3D 计算结果

图 7 - 13 所示为相应的复合管变形图,其编号与图 7 - 12 中的实心点一致。与 $\kappa \rightarrow T$ 算例不同,管道以渐进的方式和曲面接触。因此,"实测段"与刚面的接触力和接触长度逐渐增加,从而平衡拉伸载荷不断增长的竖直分量。接触长度的增长起初比较缓慢,在 ϕ 接近 5° 时开始加速增长。最终,接触长度达到 12.4D。同时,"实测段"的应力沿轴向分布均匀(⑥)。值得注意的是,由于管道与刚面之间的相互作用是逐渐形成的,因此需要充分考虑非均匀加载过程。所以,Quasi - 2D 模型不适合描述这种加载历程下管道的局部屈曲响应。

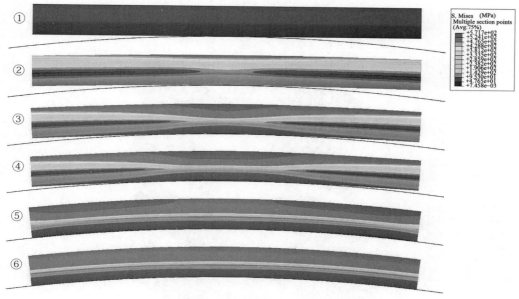

图 7 - 13　$T \rightarrow \kappa$ 加载路径下复合管变形图

7.2.3　含缺陷复合管的屈曲分析

无论是制造过程留下的缺陷还是运营过程中产生的管道损伤,复合管都不可避免地存在几何缺陷。正如之前章节中所指出的,几何缺陷对复合管的结构失稳影响很大。因此,本节研究含缺陷内衬复合管的屈曲行为。上述缺陷由半波长为 λ 的轴对称部分和半波长为 2λ 且环向波数为 m 的非轴对称部分组成。引入的缺陷表示如下[13]：

$$\overline{w} = t_{L} \left[\omega_{o} \cos \frac{\pi x}{\lambda} + \omega_{m} \cos \frac{\pi x}{2\lambda} \cos m\theta \right] 0.01^{(x/N\lambda)^2} \tag{7-2}$$

此处采用的是文献(Harrison 等,2016)[14] 中代表性 12 in 复合管的激光扫描数据。根据拟合结果,采用 $\omega_{o} = 0.02$、$\omega_{m} = 0.22$、$m = 8$ 和 $N = 4$ 的参数。

同样的,采用三维模型对两种不同加载路径进行研究,模拟得到的塌陷过程如图 7 - 14 所示。图中色阶标尺表示两管间的分离距离(只显示内衬)。图 7 - 15 所示为 $\kappa \rightarrow T$ 加载路径下的弯矩-曲率($M - \kappa$)、最大分离-曲率$[\delta(0) - \kappa]$和最大分离-拉力$[\delta(0) - T]$响应。图中还包括完善几何条件复合管的相关响应,以便比较。正如预期,在达到最大弯矩点 $0.213\kappa_{1}$(用符号"∧"标记)之前,两条 $M - \kappa$ 曲线几乎相同。同时,含缺陷算例的分离 $\delta(0)$ 急剧增加,在图②中可以观察到内衬有明显的屈曲。在达到目标曲率(图③)时,内衬上出现"钻石"屈曲模态。在随后的拉伸阶段,弯矩进一步下降。随着拉力和侧向反作用载荷的升高,管道的椭圆化程度加剧(④),这略微降低了两管的分离程度(③→④)。我们将最大弯矩对应的曲率定义为塌陷曲率 κ_{co}。

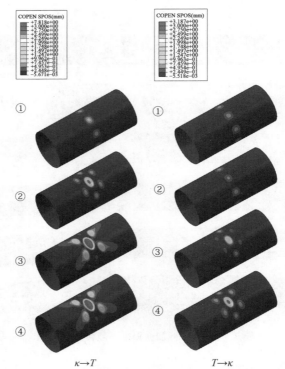

图 7 - 14　$\kappa \rightarrow T$ 和 $T \rightarrow \kappa$ 加载路径的内衬变形及管间分离云图

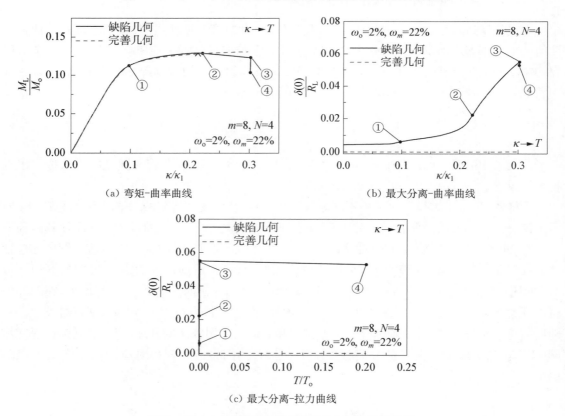

（a）弯矩-曲率曲线　　　　　　　　　（b）最大分离-曲率曲线

（c）最大分离-拉力曲线

图 7 - 15　$\kappa \rightarrow T$ 加载路径下含缺陷内衬的计算结果

　　$T \to \kappa$ 加载路径下的 $M-\kappa$ 和 $\delta(0)-\kappa$ 响应如图 7-16 所示。可见,弯矩的增长与完善几何情况非常相似,但是含缺陷算例在 $0.288\kappa_1$ 处存在极值,而后者仍然是单调增长的。在图 7-14 中,内衬上也出现了典型的壳体屈曲模态,但其向内的屈曲相对 $\kappa \to T$ 幅值稍小。此外,分离距离在 $0.10\kappa_1$ 之前几乎没有增长,随后出现小幅升高,最终达到 $0.0224R_L$。椭圆率结果如图 7-16(c)所示,与完善几何情形相似,当达到目标曲率附近时,外管的椭圆率略有下降。显然,较严重的椭圆化变形虽然对复合管不利,但有助于支撑倾向于分离的内衬,从而起到延缓内衬塌陷的作用。此外,缺陷的存在对外管椭圆率的增长几乎没有影响。

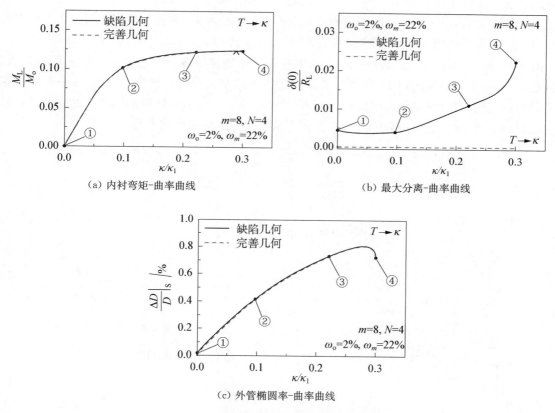

图 7-16　$T \to \kappa$ 加载路径下含缺陷内衬的计算结果

　　总之,完善几何情况的内衬分离明显小于含缺陷情形,尽管缺陷的幅值是微小的。此外,在不同的加载路径下,含缺陷几何结构的塌陷演化有所不同。例如,在 $\kappa \to T$ 加载路径的弯曲阶段,复合管发生了严重的局部屈曲,而 $T \to \kappa$ 算例的内衬分离很小。虽然施加拉力时前者分离的变化表现出轻微的下降,但是 $T \to \kappa$ 路径的分离仍然低得多。因此,这表明,至少在此处考虑的参数范围内,预先施加的拉力可以延迟内衬塌陷的发生。

7.3　参数化分析

　　本节重点讨论三个关键参数的影响,即曲率、施加的拉力及内压水平。曲率分析是基于

$\kappa \rightarrow T$ 加载路径,对应的拉力幅值为 $T^* = 1.0T_o$,而拉力的分析是基于 $T \rightarrow \kappa$ 加载路径开展的,曲率为 $\kappa^* = 0.5\kappa_1$。 此外,本节还在两种加载路径下评估了内压的影响。

7.3.1 曲率

曲率分析涉及 4 个不同半径的刚性曲面,即 $\kappa^* = 0.15\kappa_1$、$0.20\kappa_1$、$0.25\kappa_1$ 和 $0.30\kappa_1$。 采用 $\kappa \rightarrow T$ 加载路径加载,首先将复合管逐渐弯曲,在达到预设曲率后将拉力提升至 $T^* = 1.0T_o$。 值得注意的是,内衬的塌陷曲率为 $\kappa_\infty = 0.213\kappa_1$。 也就是说,其中的 2 个算例在拉力施加之前已经处于塌陷状态。 图 7-17 所示为 $M-\kappa$、$\delta(0)-\kappa$、$\delta(0)-T$ 和 $\Delta D/D-T$ 响应。 在施加拉力之前,弯矩和分离距离的轨迹是相同的。 不出所料,在拉伸阶段弯矩经历了较大的下降,且其降低幅度相似。 最终,内衬弯矩分别达到 $0.022M_o$、$0.020M_o$、$0.019M_o$ 和 $0.019M_o$。此外,如图 7-17(c)所示,分离随拉力的增加也呈现下降趋势,κ^* 越高,降幅越大。 但是,$0.25\kappa_1$ 和 $0.30\kappa_1$ 算例的最终分离距离比另外两个大得多。 换言之,对于 $\kappa \rightarrow T$ 加载路径,拉力对缓解内衬分离和塌陷的作用有限。 图 7-17(d)所示为椭圆率随拉力的变化。 可以发现,当 κ^* 增加时,弯曲引起的椭圆率及接下来随拉力的增长率均上升。

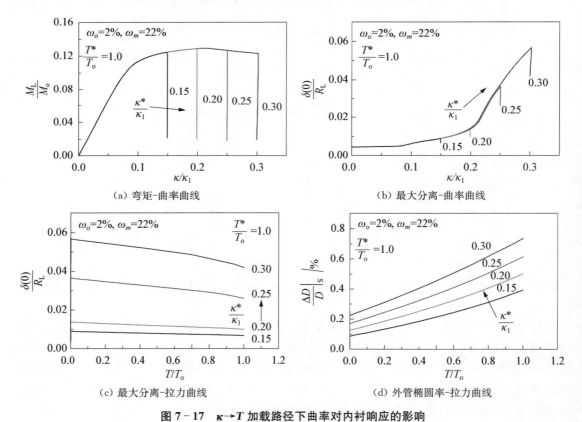

(a) 弯矩-曲率曲线   (b) 最大分离-曲率曲线

(c) 最大分离-拉力曲线   (d) 外管椭圆率-拉力曲线

图 7-17 $\kappa \rightarrow T$ 加载路径下曲率对内衬响应的影响

7.3.2 拉力

适量的拉力可以防止内衬的局部塌陷,但是严重椭圆化的副作用对整个复合管系统是有害的。因此,本节旨在了解更大范围内的拉力对复合管响应的影响。计算将基于 $T \rightarrow \kappa$ 加载路径,所施加的拉力 T^* 在 $0.2T_o$ 到 $0.7T_o$ 之间,同时保持 $\kappa^* = 0.5\kappa_1$ 不变。

内衬的 $M-\kappa$ 和 $\delta(0)-\kappa$ 结果如图 7-18 所示。可见,内衬弯矩的轨迹有很大不同。首先,弯矩水平随施加 T^* 幅值的增大而减小,这是由环向应力和轴向应力的非弹性阶段相互影响所引起的。其次,当 T^* 增大时,内衬的塌陷被延迟。表 7-2 中列出了所有算例的塌陷曲率,显然对于 $T^* = 0.5$ 和 $0.7T_o$ 的情形,弯矩呈现出单调递增且并未达到极值。此外,有趣的是,对于更小的拉力幅值 T^*,分离距离的增长变得更加明显,如图 7-18(b)所示。可以看到,对于拉力为 $T^* = 0.7T_o$ 的情况,内衬的分离距离在整个加载过程中都非常小,可以忽略不计。外管椭圆率的增长曲线如图 7-18(c)所示,通过施加更大的拉力 T^*,会导致更显著的椭圆化变形及更贴近线性的增长轨迹。综上所述,在对复合管施加拉力后的弯曲过程中,可以看到拉力对保持内衬的结构稳定性具有有利的作用,但是椭圆化的副作用在大幅值拉力情况体现出来,在实际工程中需要对拉力幅值进行适当控制。

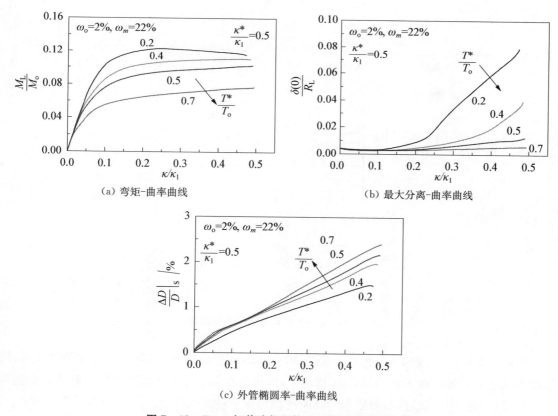

(a) 弯矩-曲率曲线   (b) 最大分离-曲率曲线

(c) 外管椭圆率-曲率曲线

图 7-18 $T \rightarrow \kappa$ 加载路径下拉力对内衬响应的影响

表 7-2 不同拉力下 $T \rightarrow \kappa$ 加载路径的内衬塌陷曲率

T/T_o	0.2	0.4	0.5	0.7
κ_{co}/κ_1	0.255	0.457	—	—

7.3.3　内压

本节旨在研究两种不同组合加载路径情况下施加一定内压的影响。分析中将目标拉力设为 $T^* = 0.2T_o$，刚面的曲率选为 $\kappa^* = 0.5\kappa_1$。首先，考虑 $0.5\kappa_1 \rightarrow 0.2T_o$ 的加载路径情况。在弯曲之前，施加四种不同的内压水平，即 3.45 bar、6.90 bar、10.35 bar 和 13.80 bar。图 7-19 所示为各情况的结构响应及无内压的情形，以便比较。可见，在达到最大弯矩前，内衬的 M-κ 结构响应与零压力情形在本质上是相似的。尽管压力水平不高，但是压力明显延迟了最大弯矩的发生和分离的增长。例如，对于 $P = 13.80$ bar 的压力情况，管间的分离并没有出现突然上升趋势。

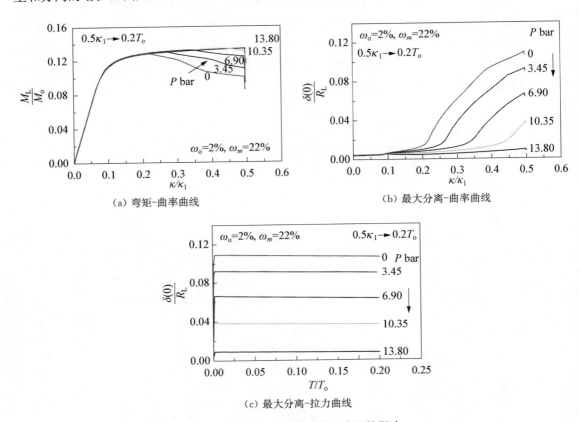

（a）弯矩-曲率曲线　　　　（b）最大分离-曲率曲线

（c）最大分离-拉力曲线

图 7-19　$\kappa \rightarrow T$ 加载路径下内压的影响

为进行准确比较，表 7-3 列出了塌陷时刻对应的 κ_{co} 值。显然，随着压力水平的升高，塌陷曲率呈增大趋势。在 $P = 13.80$ bar 算例中，内衬在 $0.5\kappa_1$ 的加载范围内并没有达到塌陷弯矩。在随后的拉伸加载过程，弯矩和分离距离均出现了轻微的降低。图 7-19(c) 所示为 $\delta(0)$ 与拉力的变化关系曲线，可见其轨迹近似线性，且随拉力增长略有降低。

表 7-3　不同内压水平下 $\kappa \rightarrow T$ 加载路径的内衬塌陷曲率

P/bar	0	3.45	6.90	10.35	13.80
κ_{co}/κ_1	0.213	0.261	0.335	0.437	—

对于另一种加载路径,考虑 $0.2T_o \rightarrow 0.5\kappa_1$ 的拉力和弯曲组合幅值,并且增加两种压力水平情况的分析,即 2.10 bar 和 5.50 bar。由于 13.80 bar 算例的结构响应与 10.35 bar 算例几乎相同,所以没有显示在图中。图 7-20 所示为不同内压情况的弯矩-曲率和分离-曲率响应,相应的塌陷曲率见表 7-4。可见,当压力水平为 6.90 bar 或更高时,管道可以弯曲到目标曲率且不会出现内衬的褶皱。

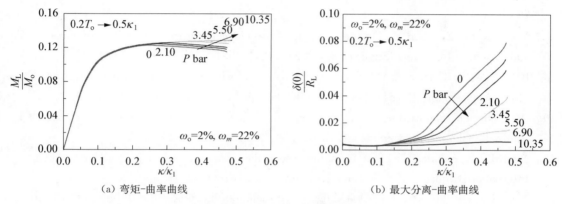

（a）弯矩-曲率曲线　　　　　　　　　（b）最大分离-曲率曲线

图 7-20　$T \rightarrow \kappa$ 加载路径下内压的影响

表 7-4　不同内压水平下 $T \rightarrow \kappa$ 加载路径的内衬塌陷曲率

P/bar	0	2.10	3.45	5.50	6.90	10.35
κ_{co}/κ_1	0.255	0.285	0.308	0.381	—	—

综上所述,当复合管在沿着刚性曲面上发生弯曲,并同时承受轴向拉力的组合作用时,内压对抑制内衬屈曲的稳定性作用仍然存在。但是,对于两种加载路径来讲,能够有效防止内衬塌陷的压力阈值是不同的,其中 $T \rightarrow \kappa$ 加载路径所需的压力水平要更低一些。

参 考 文 献

［1］Chatzopoulou G, Karamanos S A, Varelis G E. Finite element analysis of cyclically-loaded steel pipes during deep water reeling installation［J］. Ocean Engineering, 2016, 124: 113-124.

［2］Liu Y. Structural integrity of pipelines using reeling installation method［D］. Austin: University of Texas at Austin, 2018.

［3］Dyau J Y, Kyriakides S. On the response of elastic-plastic tubes under combined bending and tension［J］. ASME Journal of Offshore Mechanics and Arctic Engineering, 1992, 114: 50-62.

［4］Miller J E, Kyriakides S, Bastard A H. On bend-stretch forming of aluminum extruded tubes — I: experiments［J］. International Journal of Mechanical Sciences, 2001, 43(5): 1283-1317.

［ 5 ］ Kyriakides S，Corona E，Madhavan R，et al. Pipe collapse under combined pressure，bending，and tension loads ［C］//Offshore Technology Conference，1989：OTC6104.

［ 6 ］ Netto T A，Estefen S F. Ultimate strength behaviour of submarine pipelines under external pressure and bending ［J］. Journal of Constructional Steel Research，1994,28(2):137 - 151.

［ 7 ］ Gong S，Hu Q，Bao S，et al. Asymmetric buckling of offshore pipelines under combined tension，bending and external pressure ［J］. Ships and Offshore Structures，2015,10(2):162 - 175.

［ 8 ］ Yuan L，Liu Z，Chen N. On the buckling of mechanically lined pipes under combined tension and bending ［J］. Ocean Engineering，2022,262:111991.

［ 9 ］ Kyriakides S，Corona E. Mechanics of Offshore Pipelines：Volume 1 Buckling and Collapse ［M］. Amsterdam：Elsevier，Oxford，UK and Burlington，Massachusetts，2007.

［10］ Vasilikis D，Karamanos S A. Mechanical behavior and wrinkling of lined pipes ［J］. International Journal of Solids and Structures，2012,49:3432 - 3446.

［11］ Yuan L，Kyriakides S. Liner wrinkling and collapse of bi-material pipe under bending ［J］. International Journal of Solids and Structures，2014,51(3 - 4):599 - 611.

［12］ Yuan L，Kyriakides S. Liner buckling during reeling of lined pipe ［J］. International Journal of Solids and Structures，2020,185 - 186:1 - 13.

［13］ Yuan L，Kyriakides S. Plastic bifurcation buckling of lined pipe under bending ［J］. European Journal of Mechanical-A Solids，2014,47:288 - 297.

［14］ Harrison B，Yuan L，Kyriakides S. Measurement of lined pipe liner imperfections and the effect on wrinkling and collapse under bending ［C］//International Conference on Offshore Mechanics and Arctic Engineering，2016：OMAE2016 - 54539.

第 8 章

卷管铺设复合管的
结构行为及屈曲
塌陷

相比于传统 S 型和 J 型管道铺设方法,采用卷管法铺设深海管道具有更好的经济性。如图 8-1 所示,卷管铺设前需要首先在陆地上将管道逐段焊接、检测,并进行涂装。在绕滚筒卷绕过程中,会施加一定的轴向拉力以保证管道的稳定性。这种特殊的铺设方式也使得管道受到滚筒接触弯曲及轴向拉力的组合作用。卷管铺设中,管道所经历的最大轴向应变可高达5%,材料进入塑性状态。对于复合管而言,采用卷管法铺设能够在陆地上的可控环境中完成高要求的焊接步骤,所带来的时间和技术优势更为显著,可以极大地节省铺设成本。这也是为何以 Subsea 7 公司和 Technip 公司为代表的诸多国际油服企业近年不断攻关和完善复合管卷管铺设新技术的原因。

图 8-1　卷管法铺设海底管道[1-3]

如前几章所述,尽管双金属复合管在大多数工况下不会发生失效,但在涉及较大塑性弯曲的应用中,如卷管铺设法,内衬可能与外管分离,并产生褶皱及大幅屈曲变形。代尔夫特理工大学(Delft University of Technology)的 Hilberink、英国 Subsea 7 公司的研发团队 Toguyeni

及法国 Technip 公司的 Tkaczyk 等都进行了全尺寸卷管的模拟试验[3-12]。但是,针对复合管卷管铺设中结构响应及屈曲机理的系统分析仍然较少。这种特殊的铺设工艺是施加一定的拉力将管道卷到一个大直径的圆筒上,这会使管道经历一种独特的加载历程,与第 7 章研究的两种拉弯加载路径存在一定差异,而且也难以用轴向均匀加载的方式来近似(Kyriakides,2017;Liu 等,2017)[13-15]。

　　本章围绕双金属复合管在卷曲过程中内衬的稳定性问题进行详细研究。为避免简化模型带来的局限性,根据在役铺管船的实际设计,建立精细化的数值模型,用于模拟长管道在圆筒上的缠绕加载历程[16]。复合管首先经过机械膨胀以模拟制造过程,然后在恒定的拉力下逐渐缠绕在卷筒上。最后分析了拉力、内压等多种关键参数对上卷过程中复合管的结构响应和稳定性的影响。

8.1　复合管卷管过程分析框架

8.1.1　有限元模型

　　利用非线性有限元软件 ABAQUS,建立了复合管缠绕在圆筒上的三维模型。该模型与 Liu 和 Kyriakides(2017)文献[14]中的管道卷曲模型类似。卷筒用半径为 ρ 的解析刚性圆柱壳表示。如图 8-2 所示,长为 $158D$ 的复合管段一端连接到卷筒上,另一端放置在远端的滚轮之间,防止其竖直移动,但允许水平方向的位移。在复合管左端施加恒定拉力 T,同时通过对卷筒逐步施加转角 ϕ 来缠绕复合管。管道右端与卷筒利用耦合约束连接,使其保持在旋转卷筒上的同一点上。根据几何与受力特点,假设管道沿弯曲平面对称变形,因此仅对一半复合管进行建模。

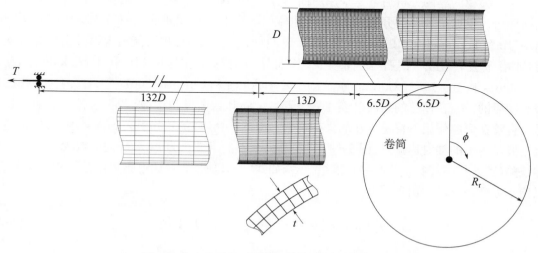

图 8-2　复合管卷管分析有限元模型及网格分布

　　外管的单元类型采用 8 节点线性实体单元 C3D8,其中厚度方向为两个单元,而内衬选用 4 节点线性壳单元 S4。在同类复合管的纯弯曲计算中,内衬在压缩侧出现了周期性的起皱现象。起初，褶皱随曲率逐渐增大。但当曲率达到临界值时，转化为"钻石"壳体屈曲模式，并产生大幅屈曲变形。为了模拟这种现象，必须使用类似于文献[16]中的精细化网格对复合管进行建模。因此，一个 $6.5D$ 长的"实测段"管道被引入整体模型中，该模型具有均匀的网格密度。对于外管，网格分布密度为 $\{x,\theta,t\}=\{300,64,2\}$，而内衬的布种数为 $\{x,\theta,t\}=\{300,64,1\}$。"实测段"通过 $6.5D$ 长的过渡段与卷筒连接。过渡段采用 $\{x,\theta,t\}=\{60,64,2\}$ 的网格密度，其轴向网格密度的"偏重"参数为 1.04，使得两管段之间的连接性更优。"实测段"的另一侧连接到一个 $13D$ 长的"附属段 I"。内衬和外管的网格密度分别为 $\{x,\theta,t\}=\{44,64,2\}$ 和 $\{x,\theta,t\}=\{44,64,1\}$，轴向网格密度的"偏重"参数为 0.92。在这三个管段中，网格在环向的分布偏向受压侧加密，环向密度分别为：$0\leqslant\theta\leqslant\pi/6$ 的单元有 32 个，$\pi/6\leqslant\theta\leqslant5\pi/6$ 的单元有 32 个。

管道模型还包括一个 $132D$ 长的"附属段 II"，以确保"实测段"在与卷筒接触时承受实际卷曲过程中的载荷。该"附属段"与卷筒不接触，因此赋予具有等效壁厚的 S4 壳单元，并分配较粗的网格密度 $\{x,\theta,t\}=\{105,12,1\}$（其中，$t$ 为复合管的厚度）。外管和内衬在端部截面间的绑定采用"TIE"约束，同时利用"SHELL-TO-SOLID"约束将外管的端部截面和壳体管段连接起来。两管之间的接触是通过 ABAQUS 中的有限滑动选项来模拟的，外管为主面，内衬为从面，同时假设这种接触是无摩擦的。刚性卷筒表面与可变形管道之间的接触采用严格的"主从"算法，以刚性卷筒表面为主面，管道为从面。接触也同样设置为无摩擦的，但允许"有限滑动"，并采用一种指数形式的"PRESSURE-OVERCLOSURE"软接触关系，输入的压力和间距参数分别为 0.7 MPa 和 0.002 54 mm。在卷管过程中，内、外管均为各向同性硬化的有限变形材料。

8.1.2　几何缺陷

塑性失稳问题的分析通常是采用屈曲模态作为初始几何缺陷，对结构进行扰动后进行后屈曲分析。根据第 3 章的分析可知，在弯曲作用下管道的塑性屈曲响应首先是压缩侧褶皱的出现（Ju 和 Kyriakides，1991）[19]。根据管道 D/t 的不同，随后也可能出现第二次塑性分支失稳，即褶皱会转化为"钻石"屈曲模式，从而导致局部化和塌陷（Ju 和 Kyriakides，1992；Kyriakides 和 Ju，1992；Corona 等，2006；Kyriakides 和 Corona，2007）[20-23]。内衬的初始起皱和随后的"钻石"模态的屈曲已经在复合管的试验和数值模拟中被证明，这种屈曲演变过程是复合管在弯曲作用下普遍存在的失稳现象。由此，将相似的缺陷引入到内衬中，其中包括一个半波长为 λ 的轴对称缺陷（图 8-3 上侧）和一个轴向半波长为 2λ 和环向波数为 m 的非轴对称缺陷（图 8-3 下侧）。这两种缺陷组合后，如式（8-1）所示，并通过指数函数控制幅值分布，以便于在"实测段"中出现屈曲：

$$\overline{w}=t_{\mathrm{L}}\left[\omega_o\cos\frac{\pi x}{\lambda}+\omega_m\cos\frac{\pi x}{2\lambda}\cos m\theta\right]0.01^{(x/N\lambda)^2} \tag{8-1}$$

其中，x 轴的原点位于"实测段"的中间，θ 从横截面的底部度量，缺陷关于 $x=0$ 对称。N 决定了缺陷的轴向分布长度，在本模型中，除非另有说明，N 值均取为 20。褶皱的半波长计算如下：

$$\lambda=\pi\sqrt{R_{\mathrm{L}}t_{\mathrm{L}}}\big/\left[12(1-\nu^2)\right]^{1/4} \tag{8-2}$$

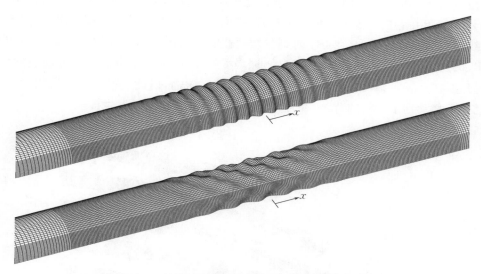

图 8 - 3　内衬的轴对称和非轴对称几何缺陷示意

8.1.3　复合管的制造

与其他工况分析相同,数值模拟首先进行的是双金属复合管的液压膨胀加工过程分析。这一加工过程的具体原理和残余应力情况请参见第 2 章。所用的两种材料的基本力学参数见表 8 - 1。在完成加工模拟后,把应力和应变状态导入卷管分析模型的三个主要管段,即"实测段""过渡段"和"附属段Ⅰ"。在此过程中,初始缺陷发生变化,其幅值会降低。为了保持一致,这里引用的缺陷幅值均为初始值。

表 8 - 1　复合管的主要几何和材料参数

参数	$D^{\dagger}$/mm	$t^{\dagger}$/mm	E^{*}/GPa	σ_0^{*}/MPa	v	ρ/mm
碳钢外管	323.9	17.9	207	448	0.3	8.23
CRA 内衬	288.0	3.0	198	276	0.3	

注:†完成尺寸,*名义值。

8.2　模拟结果

为了便于比较纯弯和卷管过程中的结构响应,仍然采用 12 in 复合管。管道沿着一个半径为 $\rho = 8.23$ m 的卷筒发生弯曲,在上卷之前,内衬和碳钢外管都被赋予了制造过程引起的应力、应变和接触应力状态。

8.2.1　完善几何复合管的卷曲

为了深入了解卷曲过程复合管的结构响应,首先模拟了完善几何复合管结构的缠绕过程。

在轴向拉力 $T = 0.05T_o$ 作用下（$T_o \equiv$ 外管的屈服应力），卷筒逐渐旋转，使管道与卷筒接触，图8-4所示为管道在卷曲时复合管的变形过程。"实测段"是整个模型的核心部分，位于图中所示两条线段之间。可以看到，在点①时刻"过渡段"的管道已经与卷筒发生接触，此时的"实测段"前半部分也已位于卷筒的边缘。在点②时，"实测段"的前半部分已经被卷曲到滚筒上，与其完全接触；在点③时刻，大部分的"实测段"已经接触滚筒，以此类推。在最后的⑥时刻，"实测段"已向下移动到了卷筒的背面，并且大部分"附属段Ⅰ"也已经发生接触。

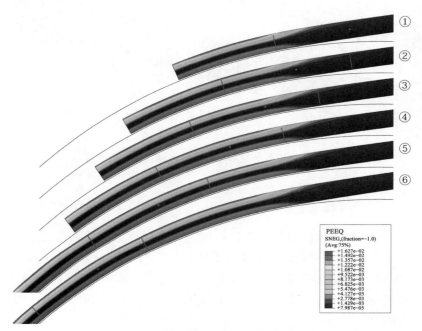

图8-4　完善几何复合管与卷筒的接触过程

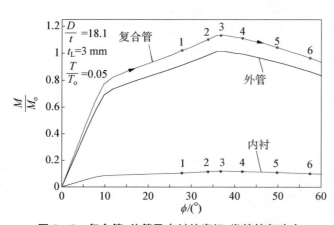

图8-5　复合管、外管及内衬的弯矩-卷筒转角响应

图8-5和图8-6所示为在"实测段"中部（图8-4中用实心圆点处）测量到的关键参量随着转角的变化曲线。图8-5所示为归一化弯矩 M/M_o 随转角 ϕ 的变化历史，正如前几章一样，弯矩中包括了复合管、外管及内衬各自的分量；图8-6所示为归一化曲率 κ/κ_1、外管与卷筒之间的接触压力 p_{co}、外管椭圆率 $\Delta D/D$ 及外管中面的轴向应变 ε_x 随卷筒转角 ϕ 增加的变化曲线。所用到的归一化变量如下：

$$T_o = \sigma_o \pi D_o t, \quad M_o = \sigma_o D_o^2 t, \quad \kappa_o = t/D_o^2, \quad D_o = D - t \qquad (8-3)$$

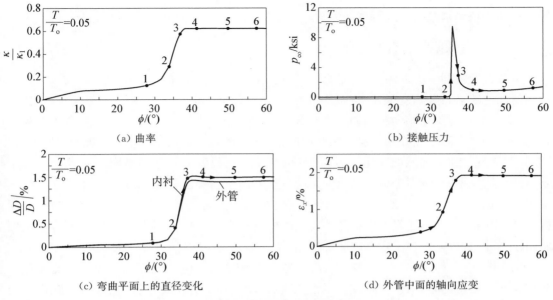

（a）曲率　　　　　　　　　　　　　　（b）接触压力

（c）弯曲平面上的直径变化　　　　　　　（d）外管中面的轴向应变

图 8-6　$x=0$ 截面处各主要变量随卷筒转角的变化

局部曲率 κ 由附着在外管中面（外表面）上的线弹性梁进行测量。梁的单元类型采用线性梁单元（B31），直径为 10^{-5} in（$0.25\,\mu\mathrm{m}$），它对复合管结构响应的影响可以忽略不计。

在管道"实测段"中部提取弯矩，根据如下公式进行计算：

$$M = 2\sum_{i=1}^{N} z_i F_i \tag{8-4}$$

式中　F_i——作用在截面上第 i 个结点上的轴向力；

　　　　z_i——该节点到管道中性面的距离。

当卷筒开始旋转时，和卷筒相邻的管段首先向上拱起。相应地，所选取截面处的曲率和弯矩立即增大。同时，椭圆率和轴向应变开始出现小幅度增长。当管段接近卷筒时，弯曲程度继续增加。在转角约 10°时，管段开始出现塑性化。在点①时刻（$\phi \approx 28°$），该截面已经接近卷筒，其曲率和弯矩也显著增加，椭圆率此时保持在适度水平，轴向应变约为 0.5%。在点②时刻，该截面与卷筒几乎接触，其曲率已经显著增加，此时的弯矩大小已超过 $1.00M_\circ$。但是，弯曲刚度的进一步降低使轴向应变增加到 1.0%左右，椭圆率也达到了 0.5%。在点②和③之间，大概 $\phi \approx 35°$ 时，该截面与卷筒接触，这导致管道与卷筒的接触压力出现了凸起的局部峰值，如图 8-6（b）所示。可以发现，该截面的曲率与卷筒的曲率非常接近，达到 $0.635\kappa_1$，并在卷筒的后续旋转期间保持不变（$\kappa = 0.635\kappa_1$ 对应于 1.93% 的最大弯曲应变）。与卷筒刚刚接触时，弯矩达到了最大值 $1.13M_\circ$，但是当管道向下移动到卷筒的背面时，为了维持管道的整体受力平衡，所记录的弯矩曲线中出现了逐渐减小的趋势。对于轴向应变而言，首次接触后它达到了 1.91%，并随后保持不变。同样的，椭圆率也在同时达到了最大值，并在剩下的加载过程中保持不变。有趣的是，内衬的最大椭圆率约为 1.5%，而外管的最大椭圆率则略小，约为1.4%左右，这表明两管产生了部分的分离。然而，尽管内衬已经发生塑性化，但受压侧并没有明显的失稳迹象。另外，值得注意的是，发生褶皱屈曲的理论曲率约为 $0.18\kappa_1$（Yuan 和Kyriakides，2014b）[24]，模型中的曲率幅值已远远超出该值。这也再次表明，需要通过利用小幅度的初始缺陷来对结构进行扰动分析。

8.2.2　含缺陷复合管的卷曲

本节将卷曲同一类型的 12 in 复合管，但同时将在"实测段"的内衬中引入式(8-1)所示的小幅值几何缺陷。缺陷变量如下：$\omega_o=0.02$，$\omega_m=0.06$，$m=8$，$N=20$。图 8-7(a)所示为 $x=0$ 截面处内衬的弯矩-卷筒转角响应 $[M_L(0)/M_o-\phi]$（注：$x=0$ 表示内衬最大分离的位置，通常位于"实测段"的中心，但在某些情况下也位于邻近的褶皱上）。有趣的是，弯矩在 $\phi=32.3°$ 时表现出相对突然的变化。图 8-7(b)所示为内衬和外管间的最大分离量 $\delta(0)/R_L$ 与卷筒转角的关系曲线，图中虚线表示的是同一点处曲率的变化历程，该曲率从附着在外管上的梁单元提取。图 8-8 中展示的是"实测段"内衬的屈曲演变过程，与结构响应中的编号相对应，云图中的颜色标尺代表了内衬和外管之间的分离距离。此外，为了更清晰地观察受压侧的屈曲模态，图右边还包含了管道的底部视图。

结合图 8-7 和图 8-8 可以看出，内衬的弯矩-转角 ϕ 响应与完善几何情况较为相似。当"测试段"接近卷筒时，内衬开始发生塑性化变形（$\phi=9°$），这导致弯矩和曲率随转角的增长开始减慢。随着卷筒的继续旋转，弯矩继续增大，在点① $\phi=28.4°$ 时，达到 $0.110M_o$。与此同时，曲率开始逐渐增大，但冠点处的分离距离仍然很小，如图 8-7(b)所示，可以看到，轴对称褶皱开始被激发。在点② $\phi=30.8°$ 时，含几何缺陷的内衬部分离卷筒逐渐靠近，局部测量到的弯矩和曲率进一步增大，在图 8-8 中可以观察到更明显的周期褶皱。在点③ $\phi=31.8°$ 时，缺陷区域与卷筒已经发生部分接触，由于曲率的增大，周期性褶皱的数量和幅值都出现了增加。随着转角达到点④ $\phi=32.5°$ 时，局部曲率开始显著增加，弯矩在此刻已经达到最大值 $0.117M_o$ 并开始下降。从点③开始，图 8-7(b)中冠点处的 $\delta(0)$ 开始加速增长，各褶皱幅值也显著增长，为了适应不同幅值的梯度变化，在图 8-8 中增加了新的色阶标尺。随着几何缺陷的非轴对称部分被激发，褶皱屈曲转换为类似"钻石"屈曲模态的形式。在图 8-8 中的⑤时刻（$\phi=33.3°$），缺陷区域的中点与卷筒几乎完全接触，弯矩下降到 $0.109M_o$ 同时冠点位移约为内衬半径的 5.2%。在点⑥（$\phi=39.6°$）以后，缺陷区域的曲率已经完全达到了卷筒的曲率。当管道移动到卷筒的背侧后，$\overline{\kappa}(0)[\equiv\kappa(0)/\kappa_1]$ 保持不变。同时，冠点处的分离达到 $0.091R_L$，并且也在卷筒的后续旋转中保持不变。相比之下，弯矩随着 ϕ 的增加呈现下降趋势，达到了 $0.088M_o$，如前所述，这是由于整体结构的受力平衡造成的。可见，在图 8-8 中⑥时刻，内衬的塌陷区域已经完全形成。

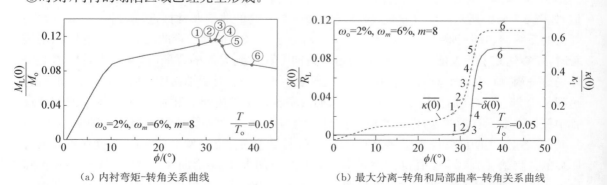

(a) 内衬弯矩-转角关系曲线　　　　　　　　(b) 最大分离-转角和局部曲率-转角关系曲线

图 8-7　含几何缺陷复合管的卷管响应

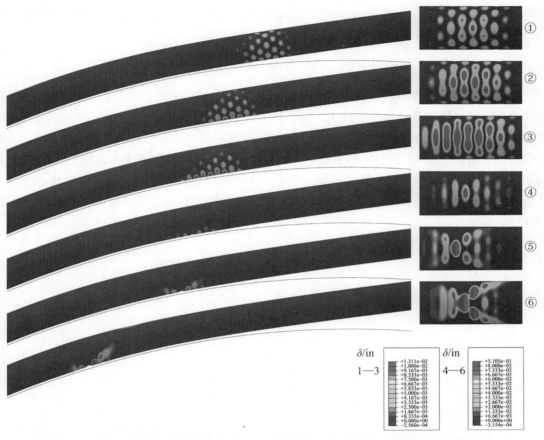

图 8-8　含缺陷复合管的卷管屈曲演化过程及分离云图(右图为内衬压缩侧剖面视图)

如图 8-9(a)所示,它由一个位于中间的大幅值内鼓、左侧的横向褶皱、右侧的两个大褶皱及相邻的两个小褶皱组成。这种不对称现象是由管道缠绕到卷筒时缺陷管段所经历的非均匀曲率加载造成的。相比之下,在纯弯曲情况下,内衬屈曲呈现出对称的"蝴蝶"形状。

由此可见,在内衬中引入几何缺陷后,内衬在卷管过程中会出现一个弯矩最大值,当超过这个极值后,内衬首先形成轴向褶皱,并在更高的曲率下产生"钻石"模态发生屈曲。图 8-9(b)所示为发生屈曲管段的三维视图,屈曲快速增长到较大幅值后,将导致管道无法使用。最大弯矩及两管间局部分离的急剧上升时刻被定义为内衬塌陷的开始。值得指出的是,临界状态是在"实测段"接近卷筒,也就是没有完全接触卷筒时发生的。在此算例中,"临界"或塌陷曲率 κ_{co} 为 $0.401\kappa_1$,而

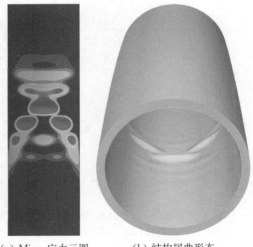

(a) Mises 应力云图　　　(b) 结构屈曲形态

**图 8-9　卷管⑥时刻的内衬局部屈曲
模态与屈曲内衬的三维视图**

卷筒半径对应的曲率为 $0.635\kappa_1$。为统一起见,将 κ_∞ 规定为 $\overline{\delta}(0)-\phi$ 响应上升拐点处绘制的两条切线交点对应的曲率。

8.2.3　几何缺陷敏感性分析

本节围绕卷曲过程中内衬塌陷对缺陷幅值 ω_o 和 ω_m 的敏感性展开分析,基于与上述各节相同的几何和材料参数。首先保持 ω_m、m、λ 和 N 不变,在 $0<\omega_o<0.06$ 范围内改变 ω_o。图 8 - 10 所示为内衬弯矩-卷筒转角和冠点分离-卷筒转角的结构响应。可以看到,$M_L-\phi$ 响应中出现了类似于图 8 - 7(a)中的急剧下降情况。每一个弯矩的下降都伴随着冠点处分离距离 $\overline{\delta}(0)$ 的急剧增加,这导致在衬管的压缩侧形成大幅度的褶皱和屈曲。最大弯矩及 $\overline{\delta}(0)$ 的相应上升代表着内衬处于临界状态。从附着在外管中面的梁单元获取的曲率被指定为内衬的"塌陷"曲率 κ_∞。

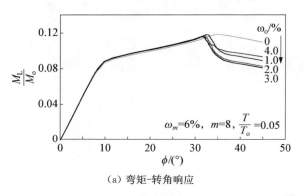

（a）弯矩-转角响应

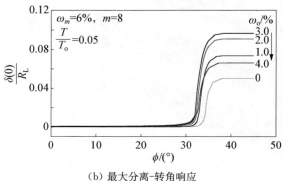

（b）最大分离-转角响应

图 8 - 10　轴对称缺陷幅值对内衬响应的影响

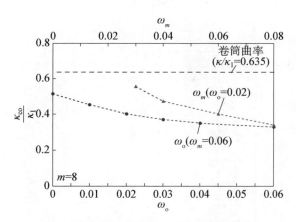

图 8 - 11　塌陷曲率对轴对称（ω_o）和非轴对称（ω_m）缺陷幅值的敏感性

虽然塌陷曲率随着 ω_o 的增加呈现预期的单调下降,但图 8 - 10(b)中两个 $\overline{\delta}(0)-\phi$ 响应的变化顺序稍有特殊。当 ω_o 为 0.04 和 0.06 时,$x=0$ 截面处冠点右侧的褶皱触发屈曲,在该处测量的分离导致了特殊的差异。值得注意的是,由于非轴对称缺陷的存在,即使 $\omega_o=0$,内衬也会屈曲。

图 8 - 11 所示为不同 ω_o 下的塌陷曲率,可以看到塌陷曲率从 $\omega_o=0$ 时的 $0.514\kappa_1$ 下降到 $\omega_o=0.06$ 时的 $0.329\kappa_1$。将这一趋势与同一管道在相同 ω_m 下的纯弯情况进行比较,可以发现卷管过程中塌陷对 ω_o 的敏感性相对较弱(见第 3 章)。

图 8 - 12 中显示的是非轴对称缺陷幅值的分析结果,其中 ω_m 在 0.02 与 0.08 之间变化,同时保持 ω_o 为 0.02 不变。可见,所有弯矩-卷筒转角响应都出现了一个最大弯矩,随后开始

下降。然而,从图 8-12(b)冠点的分离-转角响应可以看出,$\omega_m = 0.02$ 时,内衬没有出现塌陷,因为它的临界曲率比当前卷筒的曲率大。当 $\omega_m = 0.03$ 时,内衬的屈曲比较轻微,仅限于轴向起皱,且弯矩没有表现出较大几何缺陷情况时的急剧下降。计算结果显示,塌陷曲率从 $\omega_m = 0.03$ 时的 $0.555\kappa_1$ 下降到 $\omega_m = 0.08$ 时的 $0.339\kappa_1$。换句话说,塌陷对这种缺陷的敏感性更为严重。

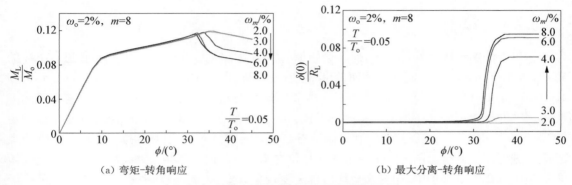

(a) 弯矩-转角响应　　　　　　　　　　(b) 最大分离-转角响应

图 8-12　非轴对称缺陷幅值对内衬响应的影响

由式(8-1)定义的非完善几何内衬将缺陷幅值控制在"实测段"的中心位置,从而控制失稳发生的位置。缺陷幅值影响区域的长度由指数函数中的整数 N 来决定的。在纯弯曲条件下,$N = 4$ 的局部缺陷是最有效的。相比之下,对于卷管而言,选择 $N = 20$ 时缺陷在轴向呈现较慢的衰减。这主要是考虑"实测段"接近卷筒时所经历的渐变曲率而设置的,如图 8-6(a)和图 8-7(b)所示。接下来研究一下内衬塌陷曲率对 N 的敏感性,同样使用基础算例几何和其他缺陷参数。不同 N 值下的卷管计算结果如图 8-13 所示,可以看到,$M(0)$-ϕ 和 $\delta(0)$-ϕ 响应的基本特征不会因 N 的改变而改变。然而,随着 N 的增加,弯矩越早达到最大值,内衬分离的上升也越早。临界曲率从 $N = 4$ 的 $0.505\kappa_1$ 减小到 $N = 20$ 的 $0.401\kappa_1$,并且 $N = 16$ 和 20 之间的差异非常小。在纯弯曲的情况下,N 在临界曲率上的趋势则相反。不过,与纯弯曲情况相同的是,卷管失稳对缺陷的环向波数 m 和波长 λ 相对不敏感,因此这些因素不另做考虑。

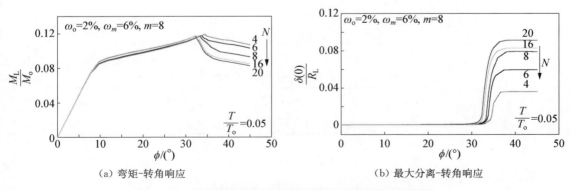

(a) 弯矩-转角响应　　　　　　　　　　(b) 最大分离-转角响应

图 8-13　缺陷幅值的轴向控制参数 N 对内衬响应的影响

总之,考虑到 ω_o 和 ω_m 是用 3 mm 的内衬厚度进行归一化的,可以看出卷曲过程中内衬的屈曲对小幅值几何缺陷非常敏感。在卷曲过程中,"实测段"接近卷筒时的曲率是不同的。因此,为了获得更合理的屈曲结果,所使用的缺陷长度必须足够长。

8.3 参数分析

8.3.1 拉力

在卷管法铺设的上卷过程中,通常会施加一定幅值的拉力,因为它能够控制管道自由段的形状,更好地缠绕在卷筒上,从而降低管道发生屈曲的风险(Brown 等,2004;Liu 和 Kyriakides,2017;Liu 等,2017)[3,15-16]。本节所使用的基础拉力为 $T=0.05T_o$,这比实际工程应用中的拉力值稍高。本节来研究一下拉力幅值对复合管屈曲的影响,拉力的变化范围定为 $(0.01\sim0.10)T_o$。在保持几何和缺陷等参数不变的情况下,分别对各拉力作用下的管道上卷响应进行模拟分析。图 8-14 所示为四种拉力幅值下的内衬弯矩-卷筒转角和分离-卷筒转角的响应。在所有算例中,内衬弯矩均出现陡变现象,随后内衬发生屈曲,弯矩开始下降。经比较,屈曲模态与图 8-9 所示的基础算例相同。当管道与卷筒接触时,拉力的增加导致内衬在较小的卷筒转角下达到临界状态,如图 8-14 所示。与此同时,较高的拉力也会增大贴合卷筒时管道产生的椭圆率,从而对内衬产生不稳定影响。表 8-2 列出了内衬塌陷时的曲率值。对于 $0.01T_o$、$0.02T_o$、$0.05T_o$,临界曲率随拉力的增大而增大,相应的卷筒转角也呈现增加趋势。但是,当拉力增加到 $0.10T_o$ 时,临界曲率出现降低,这主要是由过度的椭圆化变形导致的。

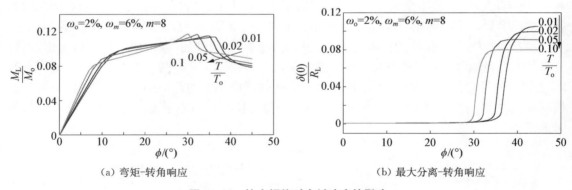

(a) 弯矩-转角响应　　　　　　　　(b) 最大分离-转角响应

图 8-14　拉力幅值对内衬响应的影响

表 8-2　不同卷管拉力幅值下内衬塌陷曲率

T/T_o	0.01	0.02	0.05	0.10
κ_{co}/κ_1	0.343	0.379	0.401	0.366

8.3.2　基/衬装配间隙

研究表明,复合管加工过程中的两管环形间隙会影响内衬在弯曲下的稳定性。为了研究该参数的影响，首先对四种不同环形间隙 g_{ob} 情况进行了复合管的加工模拟。图 8 - 15 所示为 $0.5g_{ob}$、$1g_{ob}$、$1.5g_{ob}$、$2g_{ob}$ 情况下外管和衬管环向应力与径向位移 w/g_{ob} 关系曲线，其中 g_{ob} 为基础算例中使用的环形间隙值。显然，环形间隙越小，两个管道之间的接触应力就越大。

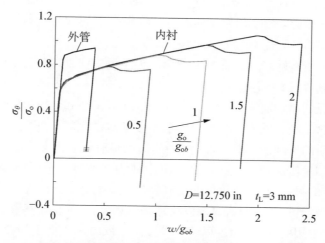

图 8 - 15　不同环形间隙下复合管液压膨胀过程中的环向应力-位移响应

与之相应的卷曲过程分析仍采用了基础算例的管道参数，结果如图 8 - 16 所示。需要说明的是，膨胀过程的导入会降低几何缺陷的大小，因此为了更合理地比较 g_o 对内衬屈曲的影响，各算例的 $\{\omega_o,\omega_m\}$ 幅值需要进行调整，在本节中将 $\overline{w}/t_L$ 控制在 0.0225 附近。由图可见，与纯弯曲下观察到的现象相似，较大的 g_o 导致内衬膨胀过程中发生更高的应变，而额外的硬化带来了更高的内衬弯矩，但同时最大弯矩所对应的曲率呈现减小趋势。对于所分析的三个较大的 g_o 值，最大弯矩呈现出与内衬屈曲相关的陡变特征及图 8 - 16(b) 中 $\overline{\delta}(0)$ 的突然上升。$1.0g_{ob}$、$1.5g_{ob}$、$2.0g_{ob}$ 情况所对应的内衬屈曲曲率分别为 $0.450\kappa_1$、$0.420\kappa_1$、$0.405\kappa_1$。有趣的是，在 $g_o=0.5g_{ob}$ 时，内衬弯矩虽然出现最大值，但却并未发生屈曲。我们回顾一下纯弯曲计算结果，结果显示内衬的临界曲率比卷筒本身的曲率要更高，所以无法直接比较(图 3 - 21)。

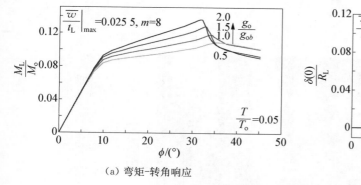

（a）弯矩-转角响应

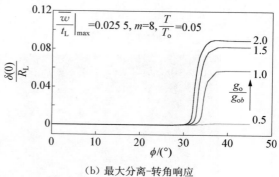

（b）最大分离-转角响应

图 8 - 16　初始环形间隙对内衬响应的影响

8.3.3　管道直径

在纯弯曲条件下,管径的大小会影响内衬发生失稳时的塌陷曲率。相应地,本节将针对 API 规范中直径分别为 8 in、10 in、12 in 和 14 in 的复合管进行卷曲模拟,其中外管的 D/t 均约为 18,内衬厚度为 3 mm,内、外管的材料性能与表 8-1 相同。直径的变化不可避免的影响所引入的缺陷幅值。因此,几何缺陷的 $\{\omega_{\circ},\omega_m\}$ 将根据不同管径进行调整,以保证四个算例在膨胀后的最大缺陷值 $\overline{w}/R_L$ 均接近 1.03×10^{-3}。

图 8-17 所示为所有管径的卷管模拟结果。为了更直接地进行比较,内衬弯矩和曲率采用了 12 in 基础算例进行归一化处理: $M_{ob}=\sigma_{\circ}D_{\circ}^{2}t\mid_{b}$, $\kappa_{1b}=t/D_{\circ}^{2}\mid_{b}$。 如图 8-17(a)所示,归一化的弯矩随着管径的增加而增加。对于 12 in 和 14 in 的管道,弯矩表现出与内衬屈曲相关的强烈陡变特征。这反映在图 8-17(b)中 $\delta(0)-\phi$ 响应的急剧上升处。对于 10 in 的复合管,弯矩在达到最大值后的下降段相对缓慢,内衬分离也很有限。图 8-17(c)所示为 10 in 管道“实测段”屈曲部分的受压侧,其颜色标尺代表内衬的分离程度。很明显,内衬上出现了轴向褶皱,但对于更小直径的衬管而言,将可能避免转换为灾难性的“钻石”模态。例如,对于 8 in 的复合管而言,内衬在卷管过程中没有显示发生塌陷。表 8-3 列出了各算例内衬屈曲时的临界曲率。显然,对于所采用的管道参数,管径的增大会导致内衬在更小的曲率下发生屈曲,而对于直径更小的复合管,其可卷性明显更强(Tkaczyk 等,2016)[2]。

表 8-3　不同外管直径情况的内衬塌陷曲率

D/in	8	10	12	14
κ_{∞}/κ_1	—	0.440	0.401	0.315

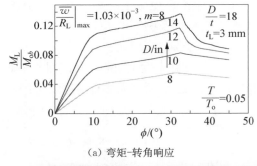

(a) 弯矩-转角响应

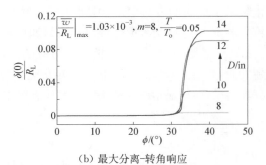

(b) 最大分离-转角响应

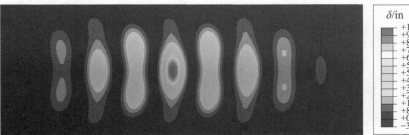

(c) 卷管后 10 in 复合管内衬的褶皱屈曲

图 8-17　外管直径对内衬响应的影响

8.3.4　内衬壁厚

内衬的壁厚对其在卷曲过程中的稳定性起着决定性的作用(Tkaczyk 等,2011)[6]。本节将模拟含有不同壁厚内衬(2 mm 和 4 mm)的 12 in 复合管的上卷过程,在膨胀过程中采用相同的环形间隙和其他参数。内衬依然根据式(8-1)引入初始几何缺陷,其半波长需要通过各自的 t_L 值来计算。同时,选择不同的缺陷幅值 $\{\omega_o,\omega_m\}$,使得三种复合管膨胀后的缺陷幅值约为 $\overline{w}/R_L=1.03\times10^{-3}$。

图 8-18 比较了三种卷管模拟的结构响应。内衬厚度的增加会增大内衬承载的弯矩并延迟最大弯矩的发生。此外,对于 2 mm 和 3 mm 内衬,弯矩表现出急剧的陡变特征,这表明内衬发生塌陷。而对于 4 mm 内衬,弯矩在达到最大值之后的下降幅度极小。对于两个较薄内衬而言,$\overline{\delta}(0)$ 的急剧增加也表明内衬的崩溃。相比之下,对于 4 mm 内衬,$\overline{\delta}(0)$ 没有剧烈增加,而且其最终值也很小。显然,对于这种管径,内衬出现了轴向褶皱,但没有陷入灾难性的"钻石"屈曲模式,类似图 8-17(c)。如果褶皱的幅值足够小,可以认为管道是可卷的,至少在模型采用的理想条件下是这样的。表 8-4 中列出的三种情况下的临界屈曲曲率表明,增加内衬厚度可以延迟屈曲,并且在壁厚为 4 mm 时可以避免内衬的塌陷。然而,性能的改善必须与产品成本的增加相权衡。

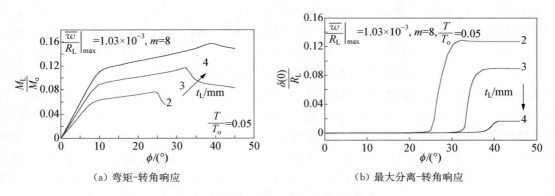

(a) 弯矩-转角响应　　　　　　　　(b) 最大分离-转角响应

图 8-18　内衬壁厚对内衬响应的影响

表 8-4　三种内衬壁厚的塌陷曲率

t_L/mm	2	3	4
κ_{co}/κ_1	0.190	0.401	0.494

8.3.5　内压

在较低水平的内压下弯曲复合管,可以有效减少截面椭圆率,并能使内衬与外管保持接触,并最终使得复合管可以弯曲到一个更高的曲率,而不会发生内衬屈曲现象。Endal 等(2008)[25]认为,利用这些有利的影响,可以在内压下卷曲管道,以避免内衬的屈曲。随后,多项专利相继公开(Mair 等,2013)[10],并进行了全尺寸试验的概念性验证(Gouveira 等,

2015)[26]，如图 8 - 19 所示。在近期的某项目中，直径在 8～9 in(203～230 mm)的复合海底管道和复合立管采用了这种安装方法(Maneschy 等，2015)[11]。第 3 章的研究内容也证实了这一概念的合理性，表明几个大气压的压力就可以使复合管弯曲到卷管所需要的曲率，同时不会造成内衬屈曲。本节主要来分析一下在更贴近实际的卷管工况下，内压对复合管内衬屈曲的影响。

图 8 - 19　卷管过程中施加同步内压

在 2.07 bar、3.45 bar、6.9 bar 的压力水平下，基于 8.2 节基础算例的几何、材料及内衬缺陷参数进行了卷管模拟。图 8 - 20 所示为非加压和加压情况下在冠点处记录的弯矩和分离随转角的变化曲线。相比零内压情形，2.07 bar 下内衬弯矩的陡变发生在更高的转角时刻，随后出现下降和分叉。$\bar{\delta}(0)$ 出现了上升的迹象，但其最大值是小于未加压管道的结果。对于 6.9 bar 而言，弯矩响应中虽然出现了最大值，但却没有发生陡变的情况，同时也没有记录到内衬冠点处的分离，观察内衬的变形轮廓也没有发现起皱或屈曲。在 3.45 bar 的内压情况下，弯矩-转角响应非常接近 6.9 bar 的情形。冠点处的分离在弯矩最大值之后有轻微的增长，但其终值依然较小。通过观察复合管的变形演化也再次证实内衬只出现了轴向褶皱，但并没有发生灾难性的"钻石"屈曲模态。表 8 - 5 列出了各内压情况对应的屈曲临界曲率，表明超过 2 bar 的内压都会延迟内衬屈曲的发生。在 3.45 bar 时，失稳仅限于轴向发生褶皱，而在 6.9 bar 时，内衬在卷曲过程中没有发生类似的屈曲。总而言之，卷管的模拟结果证实，可以通过施加少量的内压来帮助复合管的上卷过程，从而避免发生内衬屈曲现象。

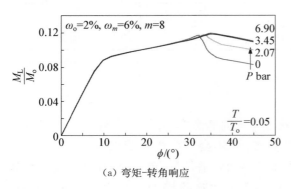

（a）弯矩-转角响应

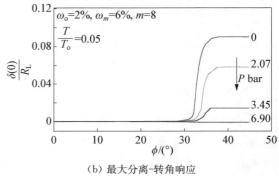

（b）最大分离-转角响应

图 8 - 20　不同内压情况对内衬响应的影响

表 8 − 5　不同内压情况下内衬的塌陷曲率

P/bar	0	2.07	3.45	6.9
κ_{co}/κ_1	0.401	0.440	0.455	—

正如 8.2.1 节所指出的,卷管使内衬比外管更容易发生椭圆化,从而导致部分内衬截面与外管分离。进入塑性化的内衬受压区容易发生起皱和屈曲。内压降低了内衬的椭圆率和分离部分的长度,具有稳定性效果。此外,足够高的内部压力往往会延迟褶皱的发生,也可参见文献[27]。

参 考 文 献

［1］Toguyeni G A, Banse J. Mechanically lined pipe: installation by reel-lay ［C］//Offshore Technology Conference, 2012: OTC 23096.

［2］Tkaczyk T, Chalmers M, Pépin A. Reel-Lay installation approaches for mechanically lined pipes ［C］//Offshore Technology Conference, 2016: OTC 26440.

［3］Brown G, Tkaczyk T, Howard B. Reliability based assessment of minimum reelable wall thickness for reeling ［C］. International Pipeline Conference, 2004, 41766: 1951 − 1960.

［4］Montague P, Walker A, Wilmot D. Test on CRA lined pipe for use in high temperature flowlines ［C］//Offshore Pipeline Technology Conference, 2010: 24 − 25.

［5］Hilberink A, Gresnigt A M, Sluys L J. Liner wrinkling of lined pipe under compression: a numerical and experimental investigation ［C］//International Conference of Ocean, Offshore and Arctic Engineering, 2010: OMAE2010 − 20285.

［6］Tkaczyk T, Pépin A, Denniel S. Integrity of mechanically lined pipes subjected to multi-cycle plastic bending ［C］//International Conference of Ocean, Offshore and Arctic Engineering, 2011: OMAE2011 − 49270.

［7］Hilberink A, Gresnigt A M, Sluys L J. Mechanical behaviour of lined pipe during bending: numerical and experimental results compared ［C］//International Conference of Ocean, Offshore and Arctic Engineering, 2011: OMAE2011 − 49434.

［8］Hilberink A. Mechanical behaviour of lined pipe ［D］. Delft: Delft Technical University, 2011.

［9］Sriskandarajah T, Roberts G, Rao V. Fatigue aspects of CRA lined pipe for HP/HT flowlines ［C］//Offshore Technology Conference, 2013: OTC 23932.

［10］Mair J A, Schuller T, Holler G, et al. Reeling and unreeling and internally clad pipeline ［P］. US20130034390A1, 2013.

［11］Maneschy R, Romanelli B, Butterworth C, et al. Steel Catenary Risers (SCRs): from design to installation of the first reel CRA lined pipes. Part II: Fabrication and Installation ［C］//Offshore Technology Conference, 2015: OTC 25857.

［12］Denniel S, Boisne M. Reeled Mechanically Lined Pipe: A cost efficient solution for the transportation of corrosive fluids [R]. MCE Deepwater Development, 2016.

[13] Kyriakides S. Effects of reeling on pipe structural performance — Part I: Experiments [J]. Journal of Offshore Mechanics and Arctic Engineering, 2017,139(5):051706.

[14] Liu Y, Kyriakides S. Effect of geometric and material discontinuities on the reeling of pipelines [J]. Applied Ocean Research, 2017,65:238 – 250.

[15] Liu Y, Kyriakides S, Dyau J Y. Effects of reeling on pipe structural performance — Part II: Analysis [J]. Journal of Offshore Mechanics and Arctic Engineering, 2017,139(5):051707.

[16] Yuan L, Kyriakides S. Liner buckling during reeling of lined pipe [J]. International Journal of Solids and Structures, 2020,185 – 186:1 – 13.

[17] Yuan L, Kyriakides S. Liner wrinkling and collapse of bi-material pipe under bending [J]. International Journal of Solids and Structures, 2014,51(3 – 4):599 – 611.

[18] Yuan L, Kyriakides S. Liner wrinkling and collapse of girth-welded bi-material pipe under bending [J]. Applied Ocean Research, 2015,50:209 – 216.

[19] Ju G T, Kyriakides S. Bifurcation buckling versus limit load instabilities of elastic-plastic tubes under bending and external pressure [J]. ASME Journal of Offshore Mechanics and Arctic Engineering, 1991,113:43 – 52.

[20] Ju G T, Kyriakides S. Bifurcation and localization instabilities in cylindrical shells under bending-part II. Predictions [J]. International Journal of Solids and Structures, 1992,29(9): 1143 – 1171.

[21] Kyriakides S, Ju G T. Bifurcation and localization instabilities in cylindrical shells under bending — I. Experiments [J]. International journal of solids and structures, 1992,29(9): 1117 – 1142.

[22] Corona E, Lee L H, Kyriakides S. Yield anisotropy effects on buckling of circular tubes under bending [J]. International Journal of Solids and Structures, 2006,43(22):7099 – 7118.

[23] Kyriakides S, Corona E. Mechanics of Offshore Pipelines: Volume 1 Buckling and Collapse [M]. Amsterdam: Elsevier, Oxford, UK and Burlington, Massachusetts, 2007.

[24] Yuan L, Kyriakides S. Plastic bifurcation buckling of lined pipe under bending [J]. European Journal of Mechanical-A Solids, 2014,47:288 – 297.

[25] Endal G, Levold E, Ilstad H. Method for laying a pipeline having an inner corrosion proof cladding: EP2092160B1 [P]. 2011 – 11 – 16.

[26] Gouveia J, Sriskandarajah T, Karunakaran D, et al. Steel catenary risers (SCRs): From design to installation of the first reeled CRA lined pipes. Part I-risers design [C]//Offshore Technology Conference, 2015: OTC 25839.

[27] Limam A, Lee L H, Corona E, et al. Inelastic wrinkling and collapse of tubes under combined bending and internal pressure [J]. International Journal of Mechanical Sciences, 2010,52(5):637 – 647.

第 9 章

复合管基础理论总结与发展趋势展望

作为一种高性能异质金属复合材料,双金属复合管以其优异的安全性和经济性,以及可定制化的功能性赢得了工业界的青睐。它解决了传统管道材料综合性能不足的问题,能够应用于不同工业领域,并实现大幅降本增效,对推动和支持新兴产业、技术发展发挥积极作用。在深海资源开发、军事装备、航空航天、核电设施和机械制造等领域都具有广阔的应用前景。本章主要围绕双金属复合管在典型载荷工况下的结构响应和内衬稳定性问题进行总结。另外,针对复合管的工程技术未来发展趋势进行阐述。

9.1 复合管基础理论总结

9.1.1 复合管的液压成形制造

在液压复合成形阶段,内衬管首先独自发生径向膨胀变形。由于内衬较薄,在较小的内压作用下内衬与外管即发生接触,随后两管共同发生膨胀,当达到设计压力值后卸载内压。由于两管的卸载回弹程度不同,造成最终外管的残余应力为拉应力,而内衬为压应力,进而在管间产生接触应力。接触应力的大小直接影响内衬的抗屈曲能力,通过对复合管制造过程的关键参数分析发现:

(1) 基/衬装配间隙对复合管的机械结合强度有较大影响。装配间隙越大,管间结合力越小,但所需成形液压力变化较小。在实际生产过程中,该装配间隙需控制在合适范围内,既要保证不磨损内衬的前提下顺利放置于外管中,又要避免过大的装配间隙。

(2) 外管屈服应力对复合管的机械结合性能影响较大。外管屈服应力越大,成形所需液压力越大,在内衬不变的情况下完全卸载后管间结合强度越高。因此,产品设计时,应尽量选择高屈服强度的外管材料及内、外管屈服应力差异较大的组合,从而在材料匹配方面提高机械结合强度。

(3) 塑性各向异性对复合管的机械结合强度有一定影响。外管的塑性各向异性参数 S_C 越大,管间结合性能越好;衬管的塑性各向异性参数 S_L 越大,管间结合性能越差。另外,成形所需液压力显示出对 S_C 变化存在一定敏感性。因此,建议复合管的产品设计及工艺参数控制将材料的塑性各向异性因素考虑在内。

(4) 轴端压力对管间结合性能有一定影响。随着轴端压力增大,所需成形液压力逐渐减小,产品的残余接触应力有一定降低但变化不显著。因此,在保证端部密闭的同时,可适当减小所施加的轴端压力。

9.1.2 复合管的屈曲和塌陷

复合管结构在弯曲作用下,内、外管截面均发生椭圆化变形,但不同的椭圆化程度导致两管之间的接触应力逐渐减小,并最终使内衬与外管分离。对于没有外管支撑的内衬管,其受压侧的扇形分离区将首先发生周期性褶皱。褶皱最初增长缓慢,但在某时刻突然形成含有多个环向波形的屈曲模态,即第二次塑性失稳,这种"钻石"模态与经典的圆柱壳体塑性屈曲模态极为相似。第二次塑性失稳的发生与内衬极限承载力直接相关,而且往往以局部的塌陷和内鼓形式发生失效。

环焊缝和凹陷的存在对复合管的结构响应产生直接影响。环焊缝的约束将限制焊缝区域内、外管的分离,从而对内衬产生轴向周期性扰动。这种局部扰动作用与复合管的几何缺陷类似,在内衬的焊缝附近首先产生周期性的褶皱,并随着弯曲的增大,最终形成类似于"钻石"屈曲模态的塌陷模式。环焊缝引起的几何扰动相当严重,在不需要几何缺陷的情况下也可以使得内衬发生塌陷,环焊缝对复合管构成"薄弱"点。对于有凹陷的复合管,即便是规范中认为安全的 $5\%D$ 的凹陷深度也会严重降低复合管的极限抗弯能力。在较低的曲率下,凹陷稳定增长。然而,一旦曲率超过临界曲率,凹陷区域加速扩大,并迅速发展形成一个中心内鼓屈曲和四个围绕的微小凹坑,这与经典的"钻石"屈曲模态十分相似,最终导致结构破坏失效。

研究复合管的轴压响应可以发现:双金属复合管首先在相对较低的应变时发生径向屈曲,形成轴对称的褶皱屈曲模态。褶皱随着轴压载荷的增大而稳定增长,但在更高的应变下出现了非轴对称模式的"钻石"屈曲模态,导致屈曲内鼓的幅值出现失控增长,即内衬管出现压溃塌陷。复合管的内衬屈曲临界应力要高于单独内衬受压的临界应力,而屈曲半波长则要比单独内衬情况小。

针对位于刚性曲面上的管道受到拉、弯组合作用情况,分别进行了不同加载路径下的结构响应分析。这种管道沿着刚性面的组合加载工况常见于海洋工程中的传统 S 型铺设和管道的冷加工过程。考虑两种组合加载路径,即 $\kappa \to T$ 和 $T \to \kappa$。研究发现,复合管的弯曲导致两管的椭圆化程度不同,引起了内衬和外管的部分分离。后续的拉力会造成弯矩的降低和椭圆率的增长。虽然在一定程度上减小了内衬的分离,但其变化幅度取决于拉力载荷的设置。相比 $\kappa \to T$ 加载路径,$T \to \kappa$ 情形往往会导致更严重的椭圆化,但可以安全地弯曲到更高曲率。随着预施加拉力的增大,弯曲复合管所能达到的弯矩水平降低,但内衬的塌陷曲率变大。当拉力 T^* 增大时,内衬分离及塌陷的发生被延迟。尽管内压的稳定效果对拉力作用下的弯曲复合管来说仍然是可行的,但是两种加载历程下防止内衬塌陷的阈值压力是不同的,$T \to \kappa$ 的阈值压力更低。

针对复合管在卷筒铺管船上的塑性弯曲问题,结合国外某工程实际铺设条件,进行了上卷过程分析。卷曲使得靠近卷筒的管段首先开始弯曲,最终与卷筒接触并达到其设计曲率。在这个过程中,非均匀分布的受力情况会使几个管径长的管段经历一个越来越大的弯曲曲率,直到与卷筒接触。总体来说,卷管的一般特征与纯弯相似,受压侧分离的薄壁内衬容易轴向起皱,而在较高的曲率下又会转化为"钻石"屈曲,且其幅度极大。内衬局部弯矩的陡变特征意味着失稳的开始,但其对复合管整体弯矩的影响有限,因此很难被检测到。拉力可以控制其中过渡区的长度,合适的拉力设置可以用于稳定管道并防止发生局部屈曲。然而,拉力幅值必须合理设计,因为它往往会引起椭圆率的增长,并对深海服役中抵抗压溃的能力产生潜在的负面影响。

对于所研究的典型工况而言,内衬管的塌陷曲率(或应变)对初始几何缺陷非常敏感。通过引入半波长为 λ 的轴对称周期屈曲模态和含有 m 个环向波的非轴对称模态,研究内衬塌陷对初始几何缺陷的灵敏度。结果显示,对于弯曲情况而言,轴对称缺陷对内衬的塌陷影响更大,但是轴压屈曲则对非轴对称缺陷更敏感,即轴压和弯曲对几何缺陷类型的敏感度是不同的。对于复合管而言,几何缺陷的主要来源是碳钢管的内表面粗糙度和加工过程中引入的内衬几何偏差,因此复合管的制造商应量化并尽可能减少这种缺陷对产品性能的影响。此外,针对半波长和环向波数的敏感性分析显示塌陷对 λ 和 m 相对不敏感。对于卷曲工况,由于管道与卷筒接触时所经历的曲率是不断变化的,这种几何缺陷的敏感性相比弯曲情况稍弱。此外,通过对关键参数进行分析发现:

(1)减小复合管制造过程中两管间的初始环形间隙会增加膨胀加工产生的接触应力,从而对内衬有稳定作用,会延迟内衬在不同载荷作用及卷曲过程中失稳的发生。

(2)在其他参数不变的情况下,增大管道直径会导致内衬在更小的曲率时发生失稳。相应地,采用直径较小的复合管对保证弯曲、轴压及卷管铺设过程中的稳定性有利。

(3)增加内衬壁厚有利于在弯曲和上卷过程中保持内衬的稳定,但是增加内衬层的厚度将产生额外的材料成本,因此内衬壁厚是否增加需要制造商和用户进行成本和效益分析后决定。

(4)在较低的内压水平下弯曲和压缩复合管,可以延缓内衬的塌陷。内压将延缓内衬与外管的分离,并相应推迟或避免褶皱和非轴对称屈曲失稳现象的出现。在卷管过程中施加适度的内压,有利于保持内衬的结构稳定性,帮助复合管实现卷曲铺设。尽管施加同步内压的方法已经在实际工程中得到了应用,但在卷绕过程中需要不断进行加压和排空等操作,这会降低卷管铺设的效率,并可能降低其相对于其他铺管方法的成本优势。

9.2 复合管未来发展趋势展望

从 20 世纪 60 年代开始,苏联和日本就出现了应用于动力和造船领域的双金属复合管研发尝试,经过几十年的产品开发、制造和安装的工程实践,国际上已经积累了较多工程经验和技术储备,能够对实际工程和应用需求给出较好的解决方案。经过多年的科技攻关,我国在高腐蚀性陆地和海洋油气田、炼化设备、海水淡化等领域都成功应用了双金属复合管,相关工程技术从无到有,取得了很好的成效。然而,在深海、深地和深空领域的战略高技术部署大背景下,复合管的设计制造、安装铺设及安全运维也需要不断创新以适应新的应用场景和特殊功能的需求,目前这些积累还远远不足。特别是与国际先进水平相比,我国的产品创新设计和相关工程技术和装备方面还存在一定的差距,目前我国尚无卷管铺设双金属复合管的足够技术储备和能力。双金属复合管的未来技术发展趋势可以概况为以下几个方面。

1)复合管设计、制造与检验标准化

双金属复合管的现有相关标准包括国际领域应用广泛的 DNV OS F101、API 5LD 等系列标准及国内 2020 年实施的《石油天然气工业用内覆或衬里耐腐蚀合金复合钢管》(GB/T 37701—2019),这些标准在复合管的设计、制造加工、焊缝耐腐蚀能力和产品检验方法方面仍然不够完备。这也导致包括复合管生产商、业内用户和 EPCI 企业等多方各自建立复合管产品及工程技术的细化标准和认证流程,为后续复合管产品和项目的检验和验收等造成不便。目前,工业界也围绕复合管标准如何系统化和全面化正在开展工作。例如,2020 年,英国 TWI

启动的"State-of-the-Art Review of the Assessment Qualification and Use of Mechanically Lined Pipes"工业联合项目,能够联合能源企业、管道生产商、EPCI 公司及高校和科研机构,为复合管的焊接提供更安全可靠的工艺与流程。随着多方协同在复合管相关工程技术和研发方面的深入,复合管的设计、制造与检验等技术标准体系将进一步完善。

2) 新型高性能复合管不断发展和应用

高性能管道材料的研发与应用一直伴随着工业界技术升级换代和新兴产业发展。无论对于深海资源开发、航空航天关键装备,还是新一代核电设施而言,高性能复合管道材料都具有广阔的应用前景,适用于严苛应用环境并满足特殊功能需求的新型复合管将不断涌现。

以 Butting 公司 2019 年开始生产的胶结型机械复合管 GLUEBI® 为例,该产品瞄准的正是卷管铺设复合管的成本控制和高效施工的需求,用胶结内、外管的方式缓解铺设过程中的内衬分离情况,既省去了内衬合金层加厚的成本,又能够有效避免施加同步内压的繁琐流程。该产品 2019 年研发完成,到 2022 年就在挪威 Akerbp Hod 项目中得到成功应用,为复合管的卷管铺设提供了另一种解决方案。该类产品的研发工作目前国内厂商也已相继启动,如西安向阳航天复合材料有限公司的"胶黏复合管"目前已经开发成功,并有试用业绩,最近浙江久立也有类似的开发计划。另外,大口径薄壁内衬复合管,包括 660 mm 以上口径,2～3 mm 内衬的复合管需求不断涌现,目前也成为国内外复合管厂家攻关的热点。类似的情况也包括钢/2205 不锈钢、钢/钛的材料组合复合管,业内的需求也较为迫切。这些新型复合管由于界面的特性问题、口径问题及材料匹配问题等,给加工制造带来了极大的技术挑战,而相关的基础理论仍需进一步完善。

另外,曾经搁置的有关复合管服役效能不足的问题也需要得到解决。例如,在油田注水管柱的复合管应用方面,由于受注水管柱通径的限制,内衬比较薄,一般仅为 0.8 mm,管柱在高压、高轴向载荷及弯曲载荷的作用下,双金属复合油管在下井深度超过 2700 m 以后,很容易出现内衬的屈曲塌陷问题,导致井下工具运行受阻。但是,这些问题随着复合管在地面和海底集输管线的高速发展而被暂时搁置,到目前仍然没有做过系统的理论研究,有关其服役效能的问题急需解决。

除了在油气领域外,复合管也应用于"双碳"大背景下的不同工业领域,内衬层的材料可以根据特殊功能需求进行定制化,如耐氢、耐酸、耐磨、耐冲击、高磁性和高热传导性等,因此未来新型高性能复合管将不断得到开发和应用。

3) 海洋铺设安装技术更加高效和安全化

海洋油气资源的开采已逐渐向深海、高温高压和高腐蚀等方向发展,具有优异耐腐蚀能力的复合管正不断在海洋工程领域扩展应用。国内在南海项目中采用的铺设安装方法为传统的 S 型铺管法,由于需要在现场进行焊接和检验等操作,对铺管效率和安全性造成影响。目前,国际上采用卷管法铺设复合管较多,但一般需要在卷曲和退卷时施加同步内压,这种复杂的工艺流程在一定程度上也降低了铺设效率,虽然胶结型复合管能够有效缓解内衬的分离与塌陷,但"无胶区"也需要进行特别处理。随着复合管卷管铺设的理论和技术研究的进一步深入及配套装备的开发升级,复合管的海洋铺设安装效率和安全性方面将进一步得到提升。

4) 安全运维和完整性管理技术更加完备

复合管的严苛服役环境对其长期安全运营构成威胁。以海底管道为例,由于海底服役环境恶劣,除了外部巨大的水压、内压波动和温度变化外,海流、地震、土体滑坡及来自拖网渔具等坠落物撞击都能够造成海底管道的失效破坏,如何进行风险识别,并合理准确评估至关重要。目前,复合管的运维标准仍主要沿用传统单层管道的规范要求,这忽略了内衬塌陷造成的潜在失效风险,导致包括凹陷评估在内的维护操作尚无合理标准可依。随着检测和传感技术的不断发展,在线实时监测将与数字孪生技术进一步融合发展,使得复合管的智慧完整性管理技术不断进步和完善。

总而言之,双金属复合管特殊的结构形式和制造工艺决定了其安装铺设和服役运营过程中表现出与普通管道不同的结构行为特点。复合管的极限承载能力不再仅仅取决于外管的受力状态,同时还极大程度地受到内衬分离、褶皱及屈曲塌陷的影响。正如本书所强调的,双金属复合管的研究需要充分结合产品设计、加工制造、铺设安装及长期运维等进行联合研究,这不再是单一复合管生产商的研发任务或某 EPCI 企业的铺设设计工作,这需要多方进行大量的理论研究、试验研究、产品开发和工程应用实践等活动,而这正是我国上下游相关企业和科研机构迫切需要共同面对的问题。

A 塑性力学基础理论介绍

塑性力学理论在双金属复合管的基础理论研究中扮演了关键的角色。为了便于读者理解各章的理论分析部分,笔者参考多本中、外经典塑性力学著作[1-8],尤其是对文献[7]中的相关内容进行了整理和翻译,对涉及的金属塑性力学理论的基本知识与复合管理论分析背后的基本思想进行简要概述。

预备知识部分主要介绍与金属弹塑性行为相关的宏观试验现象,并对应力张量的概念进行简要回顾。对于本书所涉及的管道屈服的塑性各向异性及三种随动强化模型也进行了补充说明。针对本书理论分析中出现较多的 J_2 塑性流动理论及各向同性硬化的经典理论,本附录将进行较为详细的介绍。此外,本附录还包括用于塑性分支失稳预测的增量形式的 J_2 塑性形变理论概述。

A.1 预备知识

A.1.1 单轴试验力学行为

单轴试验是获得金属材料变形行为的一种比较简单和直接的方法。一般常用的方法是从金属件中切取圆柱形或扁平形状的均匀截面试样,然后将其置于万能试验机固定端部后进行拉伸(或压缩)试验。假定试件的初始长度为 L_0,初始截面面积和变形后的截面面积分别为 A_0 和 A。以下以 X65 级钢的单轴拉伸试验为例,对若干重要力学性质进行说明。为获得准静态性能,试验的加载速率不宜过高,可将应变率控制在 $10^{-4}\ \mathrm{s}^{-1} < \dot{\varepsilon} < 10^{-3}\ \mathrm{s}^{-1}$ 范围内。根据试验记录的力-伸长量变化曲线,首先将力转化为工程应力,$\sigma = F/A_0$,将伸长量转化为工程应变,$\varepsilon = \Delta L/L_0$,即可获得如图 A-1(c) 所示的材料应力-应变曲线。曲线的线性区域部分 (OA),是材料的弹性部分,可通过计算其斜率获得材料的杨氏模量 (E)。对于热处理的低碳钢而言,从弹性变形到塑性变形的转变通常以材料不稳定性为特征,称为 Lüders 应变,此处不展开赘述。

当应变继续增长,材料将进入弹塑性状态,曲线变为非线性,斜率开始迅速下降,形成一个过渡弯曲区,该过渡区域通常在应变 1% 前出现。当继续加载进入更高的应变时,斜率的变化速度开始减慢,这也意味着应力的小幅增长将带来较大的应变增长。当应力超过弹性极限后,从 A 点以后的任何点进行卸载,比如,沿着 BC 进行卸载,应力-应变的曲线将基本沿着斜率为 E 的线性轨迹变化,这是因为金属晶格结构尚未发生本质改变。在此过程中,弹性部分的应变

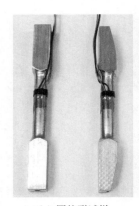

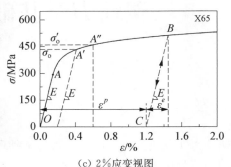

（a）圆柱形试样　　　　（b）单轴拉伸加载设置　　　　（c）2%应变视图

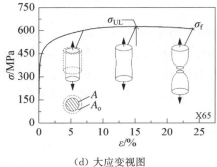
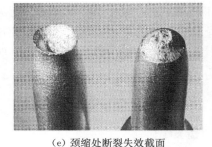

（d）大应变视图　　　　　　　　　　（e）颈缩处断裂失效截面

图 A‑1　单轴拉伸 X65 级碳钢试件

（ε^e）是可以恢复的，但塑性变形（ε^p）则是永久性的。例如，当完全卸载时，塑性应变为

$$\varepsilon^p = \varepsilon - \frac{\sigma}{E} \tag{A-1}$$

在图 A‑1(c)所示曲线 $OABC$ 下的区域为所做的塑性功。如果从卸载点重新进行加载，可以看到应力‑应变之间仍然按照与卸载路径基本相同的路径变化（CB）。当达到 B 点附近时，路径由直线急剧变回到原来的非线性轨迹。重新加载获得的初始屈服应力水平明显高于初始弹性极限的应力，我们将这种现象称为应变强化或加工硬化。

我们将弹性极限（点 A）作为弹性和塑性之间的初始边界。在实际工程结构设计中，屈服应力通常被作为两种状态之间的分界，它高于弹性极限的应力水平，一般可以根据规范或惯例定义。例如，常见的屈服应力为 σ_o，它被定义为对应于 0.2% 应变平行偏移处的应力（点 A'）。另外，美国石油学会 API 对屈服应力 σ_o' 的定义也广泛应用于石油和天然气行业，它所对应的是 0.5% 总应变的应力水平（点 A''）。

除了弹性模量与屈服应力外，应力‑应变曲线中还有两个重要的度量变量，即切线模量（E_t）和割线模量（E_s），它们的定义及与塑性应变的关系如下：

$$E_{t} = \frac{\mathrm{d}\sigma}{\mathrm{d}\varepsilon}, \ E_{s} = \frac{\sigma}{\varepsilon} \tag{A-2}$$

$$\frac{\mathrm{d}\varepsilon^{p}}{\mathrm{d}\sigma} = \left[\frac{1}{E_{t}} - \frac{1}{E} \right], \ \frac{\varepsilon^{p}}{\sigma} = \left[\frac{1}{E_{s}} - \frac{1}{E} \right] \tag{A-3}$$

此外,随着试件在轴向方向逐渐伸长,横截面也将同步出现收缩现象。用泊松比来描述横向应变 ε_{t} 与轴向应变之间的关系,即 $\nu = -\varepsilon_{t}/\varepsilon$。在弹性状态下,钢材的泊松比一般在 $0.25 \sim 0.3$ 范围内,而对于塑性状态部分的应变本质上是不可压缩的,即体积保持不变或 $\nu = 0.5$。可见,弹性和塑性部分的泊松比存在较大差异,因此需要将应变分解为弹性部分和塑性部分后再分别计算。

如图 A-1(d)所示,当应变逐渐增大时,应力的增长越来越缓慢,并最终在某处达到应力极大值。此时,试样开始出现颈缩现象,通常情况下,颈缩部分的延伸长度可以达到试件横向尺寸的 $2 \sim 3$ 倍。由于超出最大荷载之后试验段的变形是不均匀的,在颈缩发生后材料的应力状态也开始由单轴受力变为三轴受力状态,这部分响应不能简单代表材料的真实性能。当轴向载荷逐渐减少时,试件颈缩部位的直径也在逐渐变小,并最终发生试样断裂破坏。最大载荷对应的应力称为极限应力(σ_{UL}),即极限抗拉强度(Ultimate Tensile Strength, UTS),对应的应变用 ε_{UL} 表示。对于普通的管线钢而言,极限应变通常可以达到 15% 左右,极限应力的范围一般为 $0.75 < \sigma_{o}/\sigma_{UL} < 0.93$。发生断裂破坏时的应变($\varepsilon_{f}$)通常被用作衡量金属材料延性的指标。此外,比较发生破坏时的横截面积的缩小程度也是衡量金属材料延性的一种可靠手段(颈缩处最小横截面积/初始横截面积,A/A_{o})。

对于发生颈缩时的极限应力和应变,可以通过简单的公式推导获得。常用工程应变和工程应力是根据未变形状态下的几何尺寸定义的:

$$\varepsilon = \frac{l - l_{o}}{l_{o}}, \ \sigma = \frac{P}{A_{o}} \tag{A-4}$$

在涉及颈缩阶段的大变形情况下,采用真实应力和真实应变就变得极为必要。积分增量长度变化,可以得到真实应变:

$$e = \int_{0}^{e} \mathrm{d}e = \int_{l_{o}}^{l} \frac{\mathrm{d}l}{l} = \ln \frac{l}{l_{o}} = \ln(1 + \varepsilon) \tag{A-5}$$

真实应力的定义同样考虑了截面面积的减小:

$$\tau = \frac{P}{A} = \sigma(1 + \varepsilon) \tag{A-6}$$

当发生颈缩的临界时刻,载荷的增量 $\mathrm{d}P$ 为零,对 $P = \tau A$ 求微分,可以得到

$$\mathrm{d}P = \mathrm{d}\tau \cdot A + \tau \cdot \mathrm{d}A = 0 \tag{A-7}$$

根据金属材料在塑性阶段的体积不可压缩性(塑性泊松比为零),并忽略弹性部分的体积变化,可以得到

$$\mathrm{d}A/A = -\mathrm{d}l/l \tag{A-8}$$

将式(A-8)代入式(A-7),即可得到发生颈缩的极限状态。

$$\frac{\mathrm{d}\tau}{\mathrm{d}e} = \tau \tag{A-9}$$

由上式可见,临界状态的真实应力-应变的变化梯度与真实应力相等。值得指出的是,上述推导过程中假设试件处于单轴均匀受力状态,并且认为金属材料的体积不变,针对这些假设,在固体力学领域中也有一些相应的修正和改进研究工作。

对于管道用碳素钢和不锈钢而言,其应力-应变特性对加载速率具有一定的敏感性。当室温下的应变速率 $\dot{\varepsilon}$ 超过 $10^{-2}\,\mathrm{s}^{-1}$ 时,就必须考虑加载速率所带来的影响。这种影响也同样存在于当温度高于 150 ℃ 的情况,这就需要通过试验手段标定加载速率和温度的影响。

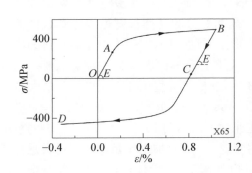

图 A-2　应力-应变响应:初始加载、卸载和反向加载

图 A-2 所示为单轴拉伸试件在到达塑性状态 B 后进行卸载至零并进行反向加载的响应(BCD)。可见,在点 C 处出现了新的弹性极限,这是由于沿着 AB 拉伸带来的"强化"效应,导致了材料抗压强度的降低,这就是著名的包辛格效应(Bauschinger Effect)。对于一般管道用多晶体钢材而言,反向加载的屈服应力绝对值一般将低于首次正向加载时的屈服应力值。对于没有预加载的情况,不存在包辛格效应,材料的拉伸屈服强度和压缩屈服强度可以认为是相同的。

A.1.2　应力二阶张量

本节以典型的应力二阶张量为例,简要回顾一下弹性力学中有关应力的一些重要概念。设应力张量 $\boldsymbol{\sigma} = \boldsymbol{\sigma}^{\mathrm{T}}$ 的主应力为$(\sigma_1, \sigma_2, \sigma_3)$,对应的主方向为 $(\boldsymbol{n}_1, \boldsymbol{n}_2, \boldsymbol{n}_3)$,满足:

$$(\boldsymbol{\sigma} - \sigma_i \boldsymbol{I})\boldsymbol{n}_i = \boldsymbol{0} \tag{A-10}$$

应力张量的三个不变量(I_1, I_2, I_3)分别为

$$\begin{cases} I_1 = \sigma_{ii} = \sigma_1 + \sigma_2 + \sigma_3 \\ I_2 = \dfrac{1}{2}(\sigma_{ii}\sigma_{jj} - \sigma_{ij}\sigma_{ji}) = \sigma_1\sigma_2 + \sigma_2\sigma_3 + \sigma_3\sigma_1 \\ I_3 = \det|\boldsymbol{\sigma}| = \sigma_1\sigma_2\sigma_3 \end{cases} \tag{A-11}$$

当应力张量减去应力球张量后,可以得到偏应力张量:

$$s_{ij} = \sigma_{ij} - \frac{1}{3}\sigma_{kk}\delta_{ij} \tag{A-12}$$

主偏应力及其对应的主方向分别为

$$s_i = \sigma_i - \frac{I_1}{3}\boldsymbol{n}_i \quad (i = 1, 2, 3) \tag{A-13}$$

相应地可以得到 s 的三个不变量：

$$\begin{cases} J_1 = s_{kk} = 0 \\ J_2 = \dfrac{1}{2} s_{ij} s_{ij} = \dfrac{1}{2}(s_1^2 + s_2^2 + s_3^2) \\ J_3 = \det |\ s\ | = \dfrac{1}{3} s_{ij} s_{jk} s_{ki} = s_1 s_2 s_3 \end{cases} \tag{A-14}$$

对于应力或应变而言，其二阶张量转换公式为

$$\sigma'_{ij} = l_{ik} l_{jl} \sigma_{kl} \tag{A-15}$$

式中　l_{ij}——方向余弦，满足 $l_{ki} l_{kj} = l_{ik} l_{jk} = \delta_{ij}$。

A.1.3　屈服准则

在复杂应力条件下，金属的屈服条件不能简单通过单轴应力是否达到屈服应力作为依据。塑性的一个重要特征是，材料的塑性变形与应力球张量无关，或者说屈服不受应力静水应力状态的影响。在屈服最初是各向同性的假设下，材料的屈服与坐标选择无关，则屈服准则的一般表达式为

$$f(J_2, J_3^2) = const \tag{A-16}$$

主应力空间中任一点代表一个应力状态，屈服面将由三个应力分量表示。如图 A-3 所示，设 OS 为屈服面上应力状态 $(\sigma_1, \sigma_2, \sigma_3)^T$ 的向量，可以很容易地分解为沿 $n = \dfrac{1}{\sqrt{3}}(1, 1, 1)^T$ 方向的矢量 OR 和法向 n 平面上的矢量 OP。$OR = \dfrac{1}{3} I_1 n$ 为 σ 的静水压力分量，$OP = (s_1, s_2, s_3)^T$ 为幅值为 $|OP| = (s_1^2 + s_2^2 + s_3^2)^{1/2} = \sqrt{2J_2}$ 的偏应力矢量，包含 OP 的平面被称为 Π 平面。

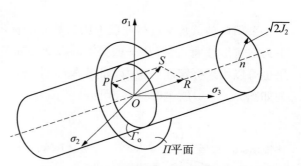

图 A-3　应力张量分解为静压分量(OP)和偏分量(OR)（主应力空间）

屈服函数为应力空间中以 n 为轴线的屈服空间柱面，柱面内为弹性应力状态，柱面上的点处于塑性状态的应力状态。对应于球应力（静水压力）状态的点是 Π 平面过原点的法线方向的直线，位于屈服柱面以内。以下针对两种常用的屈服准则进行简要介绍。

1）von Mises 屈服准则

1913 年，von Mises 假设[1]当 J_2 达到一个临界值时材料发生屈服，Hencky[2]也提出了本质相同的屈服形式，即当变形能达到某临界值时发生屈服。该屈服准则可以写成多种形式：

$$J_2 = \frac{1}{2} \boldsymbol{s} \cdot \boldsymbol{s} = k^2$$

$$= \frac{1}{6} \left[(\sigma_1 - \sigma_2)^2 + (\sigma_2 - \sigma_3)^2 + (\sigma_3 - \sigma_1)^2 \right] = k^2$$

$$= \frac{1}{6} \left[(\sigma_{11} - \sigma_{22})^2 + (\sigma_{22} - \sigma_{33})^2 + (\sigma_{33} - \sigma_{11})^2 + 6(\sigma_{12}^2 + \sigma_{23}^2 + \sigma_{31}^2) \right] = k^2$$

$$(A-17a)$$

屈服准则中参数 k 的标定可以参照试验结果，如果采用单轴试验结果，$k = \sigma_o / \sqrt{3}$。该准则在 $(\sigma_1, \sigma_2, \sigma_3)$ 空间中为一个圆柱面。它与 Π 平面交汇为一个半径为 $\sqrt{\frac{2}{3}} \sigma_o$ 的圆。同样，屈服准则的标定也可以参照剪切试验的结果。

对于平面应力状态 $(\sigma_3 = 0)$，交汇屈服面为如图 A-4(c)所示的椭圆，式(A-17a)写为

$$\left[\sigma_{11}^2 - \sigma_{11}\sigma_{22} + \sigma_{22}^2 + 3\sigma_{12}^2 \right]^{1/2} = \sigma_o \qquad (A-17b)$$

2）Tresca 屈服准则

由 Tresca(1864)提出的另一种屈服准则是基于当最大剪切达到一个临界值时发生屈服的假设，可以写成

$$\max \left\{ \left| \frac{\sigma_1 - \sigma_2}{2} \right|, \left| \frac{\sigma_2 - \sigma_3}{2} \right|, \left| \frac{\sigma_3 - \sigma_1}{2} \right| \right\} = \kappa \qquad (A-18)$$

采用单轴试验来进行屈服准则参数 κ 的标定可以得到，$\kappa = \sigma_o / 2$。该屈服面在应力空间中为六边形柱面，它与 Π 平面交汇的截面为如图 A-4(a)所示的六边形。同样，剪切试验的结果也可以用来标定屈服应力，如图 A-4(b)所示。在平面应力情况下 $(\sigma_3 = 0)$，交汇的屈服面为如图 A-4(c)所示的斜六边形。

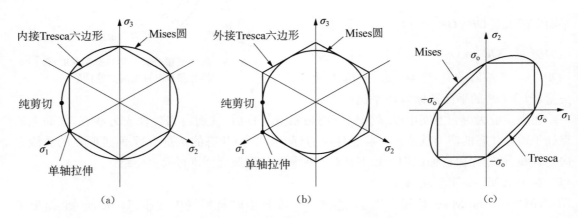

图 A-4　von Mises 和 Tresca 屈服准则

这两种屈服准则在实际工程的结构设计中被广泛接受。当主应力方向已知时，采用 Tresca 准则较方便。对于主应力方向未知的情况，采用 Mises 准则较方便，二者的相对偏差

不会超过 15.5%。一般而言，Tresca 准则的简单性使其在理论分析中具有吸引力，而 Mises 屈服函数的连续性质在后续屈服的流动法则推导方面具有优势。

A.2　增量塑性理论

A.2.1　流动法则

在金属塑性力学中，应力不仅与当前应变状态相关，还和形变历史密切相关，即具有对加载历史路径的依赖性。因此，塑性本构方程必须以增量方式表述。通过应变增量与应力增量之间的流动法则定义增量塑性理论模型。它需要刻画当前屈服面上的应力状态，也需要对屈服面随历史演变的规则进行合理描述。根据材料性质的三个假设，即稳定材料假设、杜拉克公设和依留辛公设，可以得到最简单的流动法则如下[3-6]：

$$\mathrm{d}\varepsilon_{ij}^{p}=\frac{1}{H}\left(\frac{\partial f}{\partial \sigma_{mn}}\mathrm{d}\sigma_{mn}\right)\frac{\partial f}{\partial \sigma_{ij}} \tag{A-19}$$

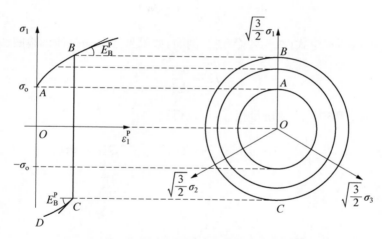

图 A-5　各向同性硬化及其对反向加载的影响

式中　f——当前屈服面；

　　　H——$\boldsymbol{\sigma}$ 和加载历史的标量函数。

根据塑性应变的不可压缩性，$\mathrm{d}\varepsilon_{ii}^{p}=0$（根据塑性应变的不可压缩性）。

对于弹性部分的应变增量，根据各向同性弹性关系可以得到

$$\mathrm{d}\varepsilon_{ij}^{e}=\frac{1}{E}\left[(1+v)\mathrm{d}\sigma_{ij}-v\mathrm{d}\sigma_{kk}\delta_{ij}\right] \tag{A-20}$$

总应变增量是弹性和塑性部分的和为

$$\mathrm{d}\varepsilon_{ij}=\mathrm{d}\varepsilon_{ij}^{e}+\mathrm{d}\varepsilon_{ij}^{p} \tag{A-21}$$

A. 2. 2 等向强化 J_2 流动理论

对于各向同性强化的塑性而言：①材料在强化后仍然保持各向同性；②强化后屈服轨迹的中心位置和形状保持不变。如图 A-5 所示，它的形状变化依赖于等效应力的大小，因此：

$$f(\boldsymbol{\sigma}) = \sigma_{e\max} \tag{A-22}$$

假设初始和后续屈服面为 Mises 型，则式(A-22)变为

$$f = \sigma_e = \sqrt{3J_2(\boldsymbol{s})} = \left(\frac{3}{2}\boldsymbol{s} \cdot \boldsymbol{s}\right)^{1/2} = \sigma_{e\max} \tag{A-23a}$$

$$\sigma_e \mathrm{d}\varepsilon_e^p = \mathrm{d}W^p, \quad \mathrm{d}\varepsilon_e^p = \left(\frac{2}{3}\mathrm{d}\boldsymbol{\varepsilon}^p \cdot \mathrm{d}\boldsymbol{\varepsilon}^p\right)^{1/2} \tag{A-23b}$$

式中 σ_e——等效应力；

     $\mathrm{d}\varepsilon_e^p$——与等效应力功等效的塑性应变增量的标量，称为等效塑性应变增量。

进一步推导与该屈服函数对应的流动法则，可以得到

$$\mathrm{d}\varepsilon_{ij}^p = \frac{1}{H}\frac{9}{4\sigma_e^2}(\boldsymbol{s} \cdot \mathrm{d}\boldsymbol{\sigma})s_{ij} \tag{A-24}$$

其中，H 可以通过试验标定式(A-24)得到。例如，如果采用单轴拉伸试验曲线，则有

$$H = \frac{\mathrm{d}\sigma_1}{\mathrm{d}\varepsilon_1^p}$$

将弹性应变增量和塑性应变增量相加，可以得到

$$\mathrm{d}\varepsilon_{ij} = \frac{1}{E}\{[(1+v)\mathrm{d}\sigma_{ij} - v\mathrm{d}\sigma_{kk}\delta_{ij}] + 9Q(\boldsymbol{s} \cdot \mathrm{d}\boldsymbol{\sigma})s_{ij}\} \tag{A-25a}$$

或者 $\mathrm{d}\boldsymbol{\varepsilon} = \boldsymbol{D}\mathrm{d}\boldsymbol{\sigma}$，其中，

$$Q = \frac{1}{4\sigma_e^2}\left(\frac{E}{E_\mathrm{t}(\sigma_e)} - 1\right) \tag{A-25b}$$

反推可得

$$\mathrm{d}\boldsymbol{\sigma} = \boldsymbol{C}\mathrm{d}\boldsymbol{\varepsilon}$$

$$C_{ijkl} = \frac{E}{1+v}\left\{\frac{1}{2}(\delta_{ik}\delta_{jl} + \delta_{il}\delta_{jk}) + \frac{v}{1-2v}\delta_{ij}\delta_{kl} - \frac{9Qs_{ij}s_{kl}}{1+v+6Q\sigma_e^2}\right\} \tag{A-25c}$$

对于平面应力特殊情况，式(A-23a)可以化简为

$$f = [\sigma_x^2 - \sigma_x\sigma_\theta + \sigma_\theta^2 + 3\sigma_{x\theta}^2]^{1/2} = \sigma_{e\max} \tag{A-26}$$

与之相对应的平面应力的增量形式的应变-应力关系为

$$\begin{Bmatrix} \mathrm{d}\varepsilon_x \\ \mathrm{d}\varepsilon_\theta \\ \mathrm{d}\varepsilon_{x\theta} \end{Bmatrix} = \boldsymbol{D}\begin{Bmatrix} \mathrm{d}\sigma_x \\ \mathrm{d}\sigma_\theta \\ \mathrm{d}\sigma_{x\theta} \end{Bmatrix} \tag{A-27}$$

其中，

$$\boldsymbol{D} = \frac{1}{E}\begin{bmatrix} 1+Q(2\sigma_x-\sigma_\theta)^2 & -v+Q(2\sigma_x-\sigma_\theta)(2\sigma_\theta-\sigma_x) & 6Q(2\sigma_x-\sigma_\theta)\sigma_{x\theta} \\ -v+Q(2\sigma_x-\sigma_\theta)(2\sigma_\theta-\sigma_x) & 1+Q(2\sigma_\theta-\sigma_x)^2 & 6Q(2\sigma_\theta-\sigma_x)\sigma_{x\theta} \\ 3Q(2\sigma_x-\sigma_\theta)\sigma_{x\theta} & 3Q(2\sigma_\theta-\sigma_x)\sigma_{x\theta} & 1+v+18Q\sigma_{x\theta}^2 \end{bmatrix}$$

对于各向异性屈服情况，式（A‑26）变为

$$f = \left[\sigma_x^2 - \left(1+\frac{1}{S_\theta^2}-\frac{1}{S_r^2}\right)\sigma_x\sigma_\theta + \frac{1}{S_\theta^2}\sigma_\theta^2 + \frac{1}{S_{x\theta}^2}\sigma_{x\theta}^2\right]^{1/2} = \sigma_{e\max} \qquad (A\text{-}28)$$

进一步可以得到各向异性情况的 $\boldsymbol{D}_a$ 为

$$\boldsymbol{D}_a = \frac{1}{E}\begin{bmatrix} 1+Q(2\sigma_x-\beta\sigma_\theta)^2 & -v+Q(2\sigma_x-\beta\sigma_\theta)(2\alpha\sigma_\theta-\beta\sigma_x) \\ -v+Q(2\sigma_x-\beta\sigma_\theta)(2\alpha\sigma_\theta-\beta\sigma_x) & 1+Q(2\alpha\sigma_\theta-\beta\sigma_x)^2 \\ Q(2\sigma_x-\beta\sigma_\theta)\gamma\sigma_{x\theta} & Q(2\alpha\sigma_\theta-\beta\sigma_x)\gamma\sigma_{x\theta} \end{bmatrix}$$

$$\begin{matrix} Q(2\sigma_x-\beta\sigma_\theta)2\gamma\sigma_{x\theta} \\ Q(2\alpha\sigma_\theta-\beta\sigma_x)2\gamma\sigma_{x\theta} \\ 1+v+2Q\gamma^2\sigma_{x\theta}^2 \end{matrix} \qquad (A\text{-}29)$$

其中，

$$\alpha = \frac{1}{S_\theta^2},\ \beta = \left(1+\frac{1}{S_\theta^2}-\frac{1}{S_r^2}\right),\ \gamma = \frac{1}{S_{x\theta}^2},\ 及\ Q = \frac{1}{4\sigma_e^2}\left[\frac{E}{E_t(\sigma_e)}-1\right]$$

A.3 塑性形变理论

与增量理论相对应的是塑性形变理论，也称全量理论，它是利用应力和应变的全量形式表示的塑性非线性应力‑应变关系，这一点与弹性理论极为相似，但又同时具有非线性与体积不可压缩的特征。一般而言，塑性变形是与加载历史和路径密切相关的，这难以通过全量理论得到。因此，全量理论的应用范围受到简单加载情况的限制，即要求各应力分量在加载过程中按同一比例变化，各点应力主轴方向不发生变化。对于等比例加载路径情况，J_2 增量理论与 J_2 形变理论的增量关系相一致。由于全量理论的表达方式在数学上相对方便，其应用多为推导理论解。此外，J_2 形变理论也可以进行塑性失稳分支点的预测和计算。

A.3.1 全量形式的塑性形变理论

塑性应变分量与偏应力分量成正比，其中标量函数 $g(J_2)$ 严格依赖于 J_2（或者 $\sigma_e = \sqrt{3J_2}$），可以表示为

$$\varepsilon_{ij}^p = g(J_2)s_{ij} \qquad (A\text{-}30a)$$

标量函数 $g(J_2)$ 可以通过简单的比例加载试验进行标定。例如,当采用单轴测试结果时,可以得到

$$s_{ij}^P = \frac{3}{2}\left[\frac{1}{E_s(\sigma_e)} - \frac{1}{E}\right]s_{ij} \qquad (A-30b)$$

将应变弹性分量加入,不难得到

$$\varepsilon_{ij} = \frac{1+v}{E}\sigma_{ij} - \frac{v}{E}\sigma_{kk}\delta_{ij} + \frac{3}{2}\left[\frac{1}{E_s} - \frac{1}{E}\right]s_{ij} \qquad (A-31a)$$

上式也可以写为

$$\varepsilon_{ij} = \frac{1+v_s}{E_s}\sigma_{ij} - \frac{v_s}{E_s}\sigma_{kk}\delta_{ij}, \quad v_s = \frac{1}{2} + \frac{E_s}{E}\left(v - \frac{1}{2}\right) \qquad (A-31b)$$

A.3.2　增量形式的塑性形变理论

本书中涉及塑性分支失稳的预测时,需要采用式(A-31)的增量形式:

$$\mathrm{d}\varepsilon_{ij} = \frac{1}{E}\left[(1+v)\mathrm{d}\sigma_{ij} - v\mathrm{d}\sigma_{kk}\delta_{ij}\right] + \frac{3}{2}\left(\frac{1}{E_s} - \frac{1}{E}\right)\mathrm{d}s_{ij} + \frac{9}{4}\left(\frac{1}{E_t} - \frac{1}{E_s}\right)\frac{(\boldsymbol{s}\cdot\mathrm{d}\boldsymbol{\sigma})}{\sigma_e^2}s_{ij}$$
$$(A-32a)$$

式中, $\mathrm{d}\boldsymbol{\varepsilon} = \boldsymbol{D}_d\mathrm{d}\boldsymbol{\sigma}$ 为 $\mathrm{d}\boldsymbol{\sigma} = \boldsymbol{C}_d\mathrm{d}\boldsymbol{\varepsilon}$ 的逆形式。其中,

$$[C_{ijkl}]_d = \frac{E}{1+v+h}\left\{\frac{1}{2}(\delta_{ik}\delta_{jl} + \delta_{il}\delta_{jk}) + \frac{3v+h}{3(1-2v)}\delta_{ij}\delta_{kl} - \frac{h's_{ij}s_{kl}}{1+v+h+\frac{2}{3}h'\sigma_e^2}\right\}$$
$$(A-32b)$$

其中, $h = \frac{3}{2}\left(\frac{E}{E_s} - 1\right)$, $h' = \frac{\mathrm{d}h}{\mathrm{d}J_2}$。

对于平面应力状态情况,式(A-32a)可化简为

$$\begin{Bmatrix}\mathrm{d}\varepsilon_x \\ \mathrm{d}\varepsilon_\theta \\ \mathrm{d}\varepsilon_{x\theta}\end{Bmatrix} = \boldsymbol{D}_d\begin{Bmatrix}\mathrm{d}\sigma_x \\ \mathrm{d}\sigma_\theta \\ \mathrm{d}\sigma_{x\theta}\end{Bmatrix} \qquad (A-33)$$

其中,

$$\boldsymbol{D}_d = \frac{1}{E_s}\begin{bmatrix} 1 + q(2\sigma_x - \sigma_\theta)^2 & -v_s + q(2\sigma_x - \sigma_\theta)(2\sigma_\theta - \sigma_x) & 6q(2\sigma_x - \sigma_\theta)\sigma_{x\theta} \\ -v_s + q(2\sigma_x - \sigma_\theta)(2\sigma_\theta - \sigma_x) & 1 + q(2\sigma_\theta - \sigma_x)^2 & 6q(2\sigma_\theta - \sigma_x)\sigma_{x\theta} \\ 3q(2\sigma_x - \sigma_\theta)\sigma_{x\theta} & 3q(2\sigma_\theta - \sigma_x)\sigma_{x\theta} & 1 + v_s + 18q\sigma_{x\theta}^2 \end{bmatrix}$$

A.4　随动强化模型

各向同性强化塑性模型无法准确描述从塑性状态卸载和反向加载所带来的包辛格效应。

对于复杂的加载历史,通过允许屈服面平移,跟随应力矢量来模拟材料的硬化是一种简单有效的方法,即随动强化。如果假设屈服面的大小和形状保持不变,并同时采用 Mises 屈服函数,则可以得到

$$f(\boldsymbol{\sigma}-\boldsymbol{\alpha})=\left[\frac{3}{2}(s-a)\cdot(s-a)\right]^{1/2}=\sigma_o \tag{A-34}$$

式中　$\boldsymbol{\alpha}$——描述屈服面中心位置的变量,称为背应力张量。

　　线性随动强化是最为简单的材料随动强化准则,虽然应用简单便捷但它在预测材料强化的随动强化分量时一般较为粗糙。此外,多面模型框架的提出为描述材料的强化行为提供了更准确的方法。例如,应用广泛的双面模型,可以利用屈服面和回弹面来描述金属材料的非线性行为。在 Dafalias、Popov 和 Krieg 提出的双面模型中,采用连续变化的塑性模量来描述非线性行为,而 Frederick 和 Armstrong 采用背应力中引入松弛项的方法,实现"动态恢复"。以下简要介绍三种模型,它们以不同的方式处理塑性模量问题。这些模型的复杂性不尽相同,各有优缺点。

A.4.1　Prager 模型

　　作为描述金属包辛格效应的最基本的线性随动强化模型,Prager 模型如果采用 Mises 屈服函数,可以写为

$$d\alpha=C_o(\boldsymbol{\sigma}-\boldsymbol{\alpha})d\varepsilon_{eq}^{P} \tag{A-35}$$

式中　C_o——材料参数,初始值为零。

　　值得注意的是,一般认为应变不超过 5% 的情况下,可以采用该模型,当超出范围时误差会相应增大。

A.4.2　Chaboche 模型

　　由于只采用一个背应力较难对金属的塑性行为,尤其是循环塑性行为合理描述,因此 Chaboche 和 Dang(1979,1986)等通过叠加多个独立的背应力,组合得到了多参数 Chaboche 模型,它可以根据需要来对不同应变范围的非线性行为进行模拟。该模型具体还包括添加了各向同性强化分量的 Chaboche 混合强化模型,以及仅含随动强化分量的 Chaboche 随动强化模型。该模型在包括 ABAQUS 在内的多种商业有限元软件中都有嵌入,但需要对大量参数进行试验标定。

　　对于 Chaboche 随动强化模型而言,引入的动力松弛项可以实现背应力的非线性变化,同时由于不同变化范围内的背应力演化速率不同,模型中还采用了不同变化规律的多个背应力组合如下:

$$d\alpha_i=C_i\frac{1}{\sigma_{yo}}(S-\alpha_i)d\varepsilon_{eq}^{P}-\gamma_i\alpha_i d\varepsilon_{eq}^{P} \tag{A-36}$$

　　这些背应力的演化规则各不相同,能够实现对不同应变域的描述。Chaboche 混合强化模型能够同时考虑随动强化和各向同性强化,其随动强化分量与上述 Chaboche 随动强化相同。

屈服面的各向同性强化分量由 Zaverl 等提出

$$dR = k(Q_\infty - R)d\varepsilon_{eq}^P \tag{A-37}$$

式中 R 和 dR——屈服面尺寸变化量及其增量；

　　　k——描述强化速率的参数；

　　　Q_∞——屈服面的最大尺寸改变量。

A.4.3 Drucker-Palgen 模型

Drucker-Palgen 模型是最简单的非线性随动强化模型之一(图 A-6)，该模型假设塑性模量 H 是 σ_e 的函数

$$H = H(\sigma_e)，\sigma_e = \left(\frac{3}{2}s \cdot s\right)^{1/2} \tag{A-38}$$

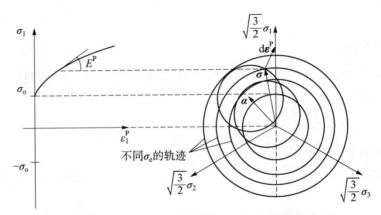

图 A-6 Drucker-Palgen 非线性随动硬化模型屈服面演化

对于给定 σ 和 $\boldsymbol{\alpha}$ 情况,可以得到如下流动法则:

$$d\varepsilon_{ij}^p = \frac{1}{H(\sigma_e)}\frac{9}{4\sigma_o^2}\left[(s-a) \cdot d\boldsymbol{\sigma}\right](s_{ij} - a_{ij}) \tag{A-39}$$

其中, $a_{ij} = \alpha_{ij} - \frac{1}{3}\alpha_{kk}\delta_{ij}$ 。 可见,$d\varepsilon^p$ 受屈服面当前位置的影响。当利用单轴应力-应变响应进行标定时,H 为

$$H = \frac{d\sigma_1}{d\varepsilon_1^p}$$

对于涉及反向加载的问题,标定的试验数据应来自稳定后的应力-应变曲线。

当求得 $d\boldsymbol{\varepsilon}^p$ 后,屈服曲面将根据相应的强化准则演化,通常可以表示为

$$d\boldsymbol{\alpha} = d\mu v，v \cdot v = 1 \tag{A-40}$$

式中 v——平移方向的单位矢量；

$\mathrm{d}\mu$——平移量。

对于无穷小的增量,一致性条件(图 A-7)可以表示为

$$\frac{\partial f}{\partial \sigma_{ij}}\mathrm{d}\alpha_{ij}=\frac{\partial f}{\partial \sigma_{kl}}d\sigma_{kl} \qquad (A-41)$$

当计算得到 d$\boldsymbol{\alpha}$ 后,可以更新变量并进行下一个加载增量的计算。以下为常用的非线性随动强化准则:

(1) Ziegler 准则:

$$v_{ij}=\frac{(\sigma_{ij}-\alpha_{ij})}{|\sigma_{ij}-\alpha_{ij}|} \qquad (A-42a)$$

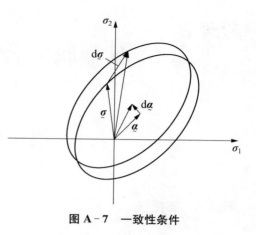

图 A-7　一致性条件

(2) Phillips 准则:

$$v_{ij}=\frac{\mathrm{d}\boldsymbol{\sigma}_{ij}}{|\mathrm{d}\boldsymbol{\sigma}_{ij}|} \qquad (A-42b)$$

(3) Armstrong-Frederick 准则:

$$v_{ij}=\frac{\left[(1-k)(\sigma_{ij}-\alpha_{ij})-k\alpha_{ij}\right]}{|(1-k)(\sigma_{ij}-\alpha_{ij})-k\alpha_{ij}|} \qquad (A-42c)$$

参 考 文 献

[1] Mises R. Mechanik der festen Körper im plastisch-deformablen Zustand [J]. Nachrichten von der Gesellschaft der Wissenschaften zu Göttingen, Mathematisch-Physikalische Klasse, 1913, 1913:582-592.

[2] Hencky H. Zur Theorie plastischer Deformationen und der hierdurch im Material hervorgerufenen Nachspannungen [J]. ZAMM - Journal of Applied Mathematics and Mechanics/Zeitschrift für Angewandte Mathematik und Mechanik, 1924,4(4):323-334.

[3] Hill R. The mathematical theory of plasticity [M]. Oxford: Oxford university press, 1998.

[4] Drucker D C. Some implications of work hardening and ideal plasticity [J]. Quarterly of Applied Mathematics, 1950,7(4):411-418.

[5] Drucker D C. A more fundamental approach to plastic stress-strain relations [C]//Proc. of 1st US National Congress of Applied Mechanics, 1951,1951:487-491.

[6] Drucker D C. Plasticity in "Structural Mechanics" [J]. JN Goodier and NJ Hoff (eds.), 1960,407-455.

[7] Kyriakides S, Corona E. Mechanics of Offshore Pipelines: Volume 1 Buckling and Collapse [M]. Amsterdam: Elsevier, Oxford, UK and Burlington, Massachusetts, 2007.

[8] 米海珍,胡燕妮. 塑性力学[M]. 北京:清华大学出版社,2014.

附录 B

双金属复合管内衬紧密度试验方法

B.1 推托法

从待检的复合管中任意抽取 1 根，用机加工方法截取 3 段长度为 200～300 mm 的管段。如图 B‑1 所示，在试样一端去除长度为 H_q (20 mm±5 mm) 的基层，基层和内衬结合部分实测长度为 H_t。一组试件应包括 3 件平行试样，试件内外表面应清洁干净，管端部应加工平整并与管轴线垂直。

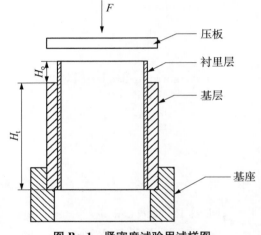

图 B‑1　紧密度试验用试样图

试验方法

准备材料试验机、底座和压板，底座应根据复合管内径和外径规格加工，压板的长度和宽度不应小于 1.5D，底座和压板应具有足够的刚度。如图 B‑1 所示，将基座和压板分别放置于试样底部和顶端，再放置于试验机压缩夹具内，给压板施以竖向压力，测试基层与内衬层分离时所需的最大压力 F。

试验中应保证试样始终处于夹具的中心位置，试样轴线与夹具压缩轴线需要保持一致。另外，试验机在压缩过程中应保持恒定的加载速率，且压缩速率不应超过 3 mm/min。记录试样在压缩过程中内衬层与基层发生位移时所需的最大压力 F。基层与内衬层之间的紧密度 P_t 按式（B‑1）计算：

$$P_t = \frac{F}{\pi H_i D_i} \tag{B‑1}$$

式中　P_t——紧密度（MPa）；

　　　F——由试验机测得内衬层与基层钢管之间发生滑移时的最大压力（N）；

　　　D_i——内衬层的外径或基层内径（mm）；

　　　H_i——基层与内衬层结合部分的实测长度（mm）。

B.2　应变法

利用应变片测量复合管的内衬层取出前后的环向和轴向应变,通过计算应力变化测定接触应力。

试验方法

从复合管切取一段环形试件,将 2～4 片应变片贴于环形试验管段的内衬层内表面,轴向和环向均匀布置。然后,锯切基体钢管,取出内衬层。测量取出前后的环向和轴向应变变化。接触应力按所测得的应变平均值计算。

圆周方向的接触应力(σ_{Con})计算公式为

$$\sigma_{Con} = \frac{E}{1-\nu^2}\left(\frac{\sum \varepsilon_y}{n} + \nu\,\frac{\sum \varepsilon_x}{n}\right) \tag{B-2}$$

式中　σ_{Con}——接触应力;

E——内衬层的弹性模量(表 B-1);

ν——内衬层的泊松比(表 B-1);

n——应变片数量;

ε_y——环向应变;

ε_x——轴向应变。

表 B-1　常用弹性模量和泊松比(25 ℃ /77 ℉)

常用内衬材料	弹性模量/GPa	泊松比
LC1812	193.06	0.30
LC2205	193.06	0.29
LC2505	206.85	0.29
LC2242	193.06	0.31
LC2262	206.85	0.31
N08825	193.05	0.29
N06625	206.85	0.28
N10276	213.74	0.33

附录 C

管道受力分析基础理论及程序框架

本章以单层管道的非线性力学分析为例[1-2]，针对屈曲计算的基础理论和数值框架设计进行简要介绍。双金属复合管的计算分析方法与其较为相似，因此不再重复介绍。

如图 C-1 所示，将半圆管道截面在环向 θ 方向和径向壁厚 z 方向分别划分 k 个和 l 个高斯积分点。其中，沿着环向的积分点数量需要根据管道的不同受力情况及初始缺陷等作相应调整，如管道壁厚不均匀或存在初始椭圆率等情况。

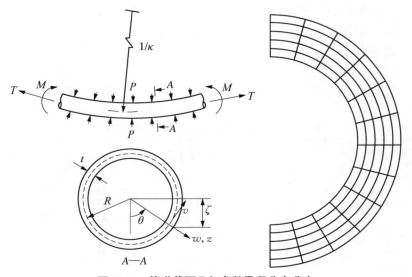

图 C-1 管道截面几何参数及积分点分布

C.1　输入参数

管道的几何尺寸：R（管道的平均半径）、t（管道壁厚）。

材料本构关系模型：E、σ_y、n（Ramberg-Osgood 本构模型的三个参数）。

数值计算参数：k（θ 方向高斯积分点数量）、l（z 方向高斯积分点数量）、N（位移级最大项数）。

荷载参数：κ（需要施加在管道上的曲率）、T（需要施加在管道上的轴向拉力）、P（需要施加在管道上的静水压力）、$\dot{\kappa}$（弯曲计算的荷载子步长度）、$\dot{T}$（轴向拉力计算的荷载子步长度）、

$\dot{P}$（静水压力计算中的荷载子步长度）。

图 C-2 所示为管道非线性屈曲分析流程图。以上各个物理量都作为程序的输入参数进行设置，部分参数的选择请根据具体工况进行设置。

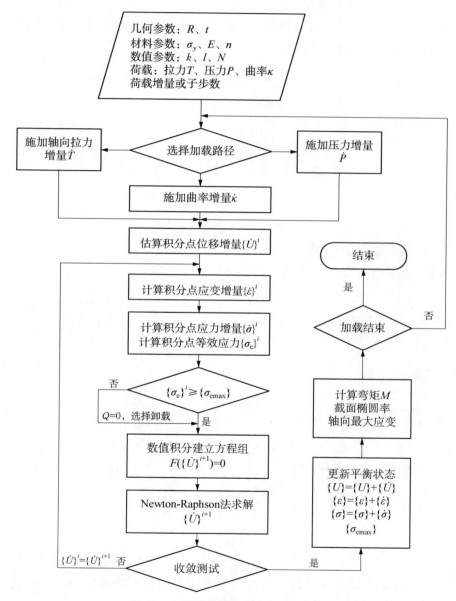

图 C-2 管道非线性屈曲分析流程图

C.2 计算步骤

（1）确定计算子步的荷载增量 $\dot{\kappa}$、$\dot{T}$、$\dot{P}$ 或子步数量。

（2）对 $\{\dot{G}\}^i$（节点位移）做初步估计，即对关于 a_n、b_n、ε_x^0 的 $2N+1$ 个（或关于 a_n、b_n、ε_x^0、λ 的 $2N+3$）未知量进行估计。一般可将上一个荷载子步的数值作为未知量的初步估计，也就是说，在第一次迭代过程中，管道的截面形状和中性轴的轴向应变不做改变，第二个荷载子步开始由程序根据迭代结果调整。

（3）求应变 $\{\dot{\varepsilon}\}^i$。由于曲率 κ 或静水压力 P 的改变，应变会随之发生改变，并在迭代过程中不断修正。应变和节点位移之间的关系可以表示如下：

$$\varepsilon_x = \varepsilon_x^0 + \varsigma\kappa \tag{C-1}$$

$$\varsigma = [(R+w)\cos\theta - v\sin\theta + z\cos\theta] \tag{C-2}$$

$$\varepsilon_\theta = \varepsilon_\theta^0 + z\kappa_\theta \tag{C-3}$$

$$\varepsilon_\theta^0 = \left(\frac{v'+w}{R}\right) + \frac{1}{2}\left(\frac{v'+w}{R}\right)^2 + \frac{1}{2}\left(\frac{v-w'}{R}\right)^2 \tag{C-4}$$

$$\kappa_\theta = \left(\frac{v'-w''}{R^2}\right) \Big/ \sqrt{1 - \left(\frac{v-w'}{R}\right)^2} \tag{C-5}$$

（4）从本构关系求出应力增量。

基本模型：J_2 塑性流动理论（各向同性强化）[3]

$$\left\{\begin{matrix} \dot{\varepsilon}_x \\ \dot{\varepsilon}_\theta \end{matrix}\right\} = \frac{1}{E}\begin{bmatrix} 1+q(2\sigma_x-\sigma_\theta)^2 & -v+q(2\sigma_x-\sigma_\theta)(2\sigma_\theta-\sigma_x) \\ -v+q(2\sigma_x-\sigma_\theta)(2\sigma_\theta-\sigma_x) & 1+q(2\sigma_\theta-\sigma_x)^2 \end{bmatrix} \cdot \left\{\begin{matrix} \dot{\sigma}_x \\ \dot{\sigma}_\theta \end{matrix}\right\} \tag{C-6}$$

经过矩阵变换，可得

$$\frac{E}{[1+q(2\sigma_x-\sigma_\theta)^2] \cdot [1+q(2\sigma_\theta-\sigma_x)^2] - [-v+q(2\sigma_x-\sigma_\theta)(2\sigma_\theta-\sigma_x)]^2} \cdot$$

$$\begin{bmatrix} 1+q(2\sigma_\theta-\sigma_x)^2 & v-q(2\sigma_x-\sigma_\theta)(2\sigma_\theta-\sigma_x) \\ v-q(2\sigma_x-\sigma_\theta)(2\sigma_\theta-\sigma_x) & 1+q(2\sigma_x-\sigma_\theta)^2 \end{bmatrix} \left\{\begin{matrix} \dot{\varepsilon}_x \\ \dot{\varepsilon}_\theta \end{matrix}\right\} = \left\{\begin{matrix} \dot{\sigma}_x \\ \dot{\sigma}_\theta \end{matrix}\right\} \tag{C-7}$$

其中，

$$\left\{\begin{matrix} \dot{\varepsilon}_x \\ \dot{\varepsilon}_\theta \end{matrix}\right\} = \left\{\begin{matrix} \hat{\varepsilon}_x - \varepsilon_x \\ \hat{\varepsilon}_\theta - \varepsilon_\theta \end{matrix}\right\} \tag{C-8}$$

$\left\{\begin{matrix} \varepsilon_x \\ \varepsilon_\theta \end{matrix}\right\}$ 为上一步的应变，作为已知条件。那么，$\left\{\begin{matrix} \hat{\varepsilon}_x \\ \hat{\varepsilon}_\theta \end{matrix}\right\}$ 便是节点位移的函数，由 v、w 表示，也即是 a_n、b_n 的函数。同理 $\left\{\begin{matrix} \dot{\sigma}_x \\ \dot{\sigma}_\theta \end{matrix}\right\}$ 也可以表示成为 a_n、b_n 的函数。

根据 Ramberg-Osgood 模型：

$$q = \frac{1}{4\sigma_e^2}\left(\frac{E}{E_t} - 1\right) \tag{C-9}$$

$$\frac{1}{E_t} = \frac{1}{E}\left[1 + \frac{3}{7}n\left(\frac{\sigma_e}{\sigma_y}\right)^{n-1}\right] \tag{C-10}$$

（5）求解虚功方程。

如正文所述，采用三角级数形式作为位移函数能够有效描述管道截面的椭圆化变形，同时也可方便非线性屈曲理论的推导，位移函数如下：

$$w = R\sum_{n=0}^{N} a_n\cos n\theta，\ v = R\sum_{n=2}^{N} b_n\sin n\theta \tag{C-11}$$

定义以下变量：

$$A = -\hat{\sigma}_x\hat{\kappa}\sin\theta + \hat{\sigma}_\theta\left\{\left(\frac{\hat{v}-\hat{w}'}{R}\right) + \frac{z}{R^2}\left(\frac{(\hat{v}'-\hat{w}'')(\hat{v}-\hat{w}')/R^2}{[1-(\hat{v}-\hat{w}')^2/R^2]^{3/2}}\right)\right\},$$

$$B = \hat{\sigma}_x\hat{\kappa}\cos\theta + \hat{\sigma}_\theta\left(\frac{R+\hat{v}'+\hat{w}}{R^2}\right),$$

$$C = \hat{\sigma}_\theta\left\{\left(\frac{R+\hat{v}'+\hat{w}}{R^2}\right) + \frac{z}{R^2}\left(\frac{1}{[1-(\hat{v}-\hat{w}')^2/R^2]^{1/2}}\right)\right\},$$

$$D = \hat{\sigma}_\theta \cdot \left\{-\frac{(\hat{v}-\hat{w}')}{R^2} + \frac{z}{R^2}\left(\frac{(\hat{v}'-\hat{w}'')(\hat{v}-\hat{w}')/R^2}{[1-(\hat{v}-\hat{w}')^2/R^2]^{3/2}}\right)\right\},$$

$$E = -\hat{\sigma}_\theta\left\{\frac{z}{R^2}\left(\frac{1}{[1-(\hat{v}-\hat{w}')^2/R^2]^{1/2}}\right)\right\}. \tag{C-12}$$

可以得到如下 $2N+1$ 个方程：$f_n(1 \leqslant n \leqslant 2N+1)$。

当 $n=0$ 时，

$$f_0 = \int_0^\pi\int_{-t/2}^{t/2} B\,\mathrm{d}z\,\mathrm{d}\theta + \hat{p}R\pi(\hat{a}_0 + 1) = 0$$

当 $1 \leqslant n \leqslant N$ 时，

$$f_n = \int_0^\pi\int_{-t/2}^{t/2}(B\cos n\theta - Dn\sin n\theta - En^2\cos n\theta)\,\mathrm{d}z\,\mathrm{d}\theta + \frac{1}{2}\hat{p}R\pi(\hat{a}_n + n\hat{b}_n) = 0$$

当 $N+2 \leqslant n \leqslant 2N$ 时，

$$f_n = \int_0^\pi\int_{-t/2}^{t/2}[A\sin(n-N)\theta + C(n-N)\cos(n-N)\theta]\,\mathrm{d}z\,\mathrm{d}\theta + \frac{1}{2}\hat{p}R\pi[\hat{b}_{n-N} + (n-N)\hat{a}_{n-N}]$$
$$= 0$$

当 $n=2N+1$ 时，

$$f_{2N+1} = \int_0^\pi\int_{-t/2}^{t/2}\hat{\sigma}_x\,\mathrm{d}z\,\mathrm{d}\theta - \hat{T}/2 = 0 \tag{C-13}$$

此方程组为非线性方程组，可以使用 Newton 法进行迭代求解，具体步骤如下。

定义以下参数：

$$F = \frac{E[1 + q(2\sigma_\theta - \sigma_x)^2]}{[1 + q(2\sigma_x - \sigma_\theta)^2] \cdot [1 + q(2\sigma_\theta - \sigma_x)^2] - [-v + q(2\sigma_x - \sigma_\theta)(2\sigma_\theta - \sigma_x)]^2},$$

$$G = \frac{E[v - q(2\sigma_x - \sigma_\theta)(2\sigma_\theta - \sigma_x)]}{[1 + q(2\sigma_x - \sigma_\theta)^2] \cdot [1 + q(2\sigma_\theta - \sigma_x)^2] - [-v + q(2\sigma_x - \sigma_\theta)(2\sigma_\theta - \sigma_x)]^2},$$

$$K = \frac{E(1 + q(2\sigma_x - \sigma_\theta)^2)}{[1 + q(2\sigma_x - \sigma_\theta)^2] \cdot [1 + q(2\sigma_\theta - \sigma_x)^2] - [-v + q(2\sigma_x - \sigma_\theta)(2\sigma_\theta - \sigma_x)]^2}.$$

$$\text{(C-14)}$$

可得

$$
\begin{aligned}
\hat{\sigma}_x &= \sigma_x + \dot{\sigma}_x \\
&= \sigma_x + F\dot{\varepsilon}_x + G\dot{\varepsilon}_\theta \\
&= F\hat{\varepsilon}_x + G\hat{\varepsilon}_\theta + \sigma_x - F\varepsilon_x - G\varepsilon_\theta \\
&= F(\hat{\varepsilon}_x^0 + \hat{\varsigma}\hat{\kappa}) + G(\hat{\varepsilon}_\theta^0 + z\hat{\kappa}_\theta) + H
\end{aligned}
\qquad \text{(C-15)}
$$

$$
\begin{aligned}
\hat{\sigma}_\theta &= \sigma_\theta + \dot{\sigma}_\theta \\
&= \sigma_\theta + G\dot{\varepsilon}_x + K\dot{\varepsilon}_\theta \\
&= G\hat{\varepsilon}_x + K\hat{\varepsilon}_\theta + \sigma_\theta - G\varepsilon_x - K\varepsilon_\theta \\
&= G(\hat{\varepsilon}_x^0 + \hat{\varsigma}\hat{\kappa}) + K(\hat{\varepsilon}_\theta^0 + z\hat{\kappa}_\theta) + M
\end{aligned}
\qquad \text{(C-16)}
$$

其中, $H = \sigma_x - F\varepsilon_x - G\varepsilon_\theta$, $M = \sigma_\theta - G\varepsilon_x - K\varepsilon_\theta$。

为了利用 Newton 法进行求解,需对方程进行未知量的偏微分求导,在这一步实行之前,为方便表达,令

$$W_1 = \sum_{n=0}^{N} a_n \cos n\theta, \quad W_2 = \sum_{n=0}^{N} a_n n \sin n\theta, \quad W_3 = \sum_{n=0}^{N} a_n n^2 \cos n\theta,$$

$$V_1 = \sum_{n=2}^{N} b_n \sin n\theta, \quad V_2 = \sum_{n=2}^{N} b_n n \cos n\theta, \quad V_3 = \sum_{n=2}^{N} b_n n^2 \sin n\theta,$$

$$J = V_1 + W_2, \quad U = [1 - (V_1 + W_2)^2]^{1/2}$$

并对 $\hat{\sigma}_x$ 和 $\hat{\sigma}_\theta$ 进行偏导计算:

$$\frac{\partial \hat{\sigma}_x}{\partial \hat{\varepsilon}_x^0} = F,$$

$$\frac{\partial \hat{\sigma}_x}{\partial a_i} = FR\hat{\kappa}\cos i\theta\cos\theta + G\left[\begin{array}{l}\cos i\theta + \cos i\theta(V_2 + W_1) + i\sin i\theta(V_1 + W_2) \\ + z \cdot \dfrac{i^2 \cos i\theta}{R\sqrt{1 - J^2}} + z \cdot \dfrac{J\sin i\theta \cdot (V_2 + W_3)}{R(1 - J^2)^{3/2}}\end{array}\right] = P_i,$$

$$\frac{\partial \hat{\sigma}_x}{\partial b_i} = FR\hat{\kappa}\sin i\theta\sin\theta + G\left[\begin{array}{l}i\cos i\theta + i\cos i\theta(V_2 + W_1) + \sin i\theta(V_1 + W_2) \\ + z \cdot \dfrac{i\cos i\theta}{R\sqrt{1 - J^2}} + z \cdot \dfrac{J\sin i\theta(V_2 + W_3)}{R(1 - J^2)^{3/2}}\end{array}\right] = Q_i,$$

$$\frac{\partial \hat{\sigma}_\theta}{\partial \hat{\varepsilon}_x^0} = G,$$

$$\frac{\partial \hat{\sigma}_\theta}{\partial a_i} = GR\hat{\kappa}\cos i\theta \cos\theta + K\left[\begin{array}{l}\cos i\theta + \cos i\theta(V_2 + W_1) + i\sin i\theta(V_1 + W_2)\\[2mm] + z \cdot \dfrac{i^2\cos i\theta}{R\sqrt{1-J^2}} + z \cdot \dfrac{J\sin i\theta \cdot (V_2 + W_3)}{R(1-J^2)^{3/2}}\end{array}\right] = R_i,$$

$$\frac{\partial \hat{\sigma}_\theta}{\partial b_i} = GR\hat{\kappa}\sin i\theta \sin\theta + K\left[\begin{array}{l}i\cos i\theta + i\cos i\theta(V_2 + W_1) + \sin i\theta(V_1 + W_2)\\[2mm] + z \cdot \dfrac{i\cos i\theta}{R\sqrt{1-J^2}} + z \cdot \dfrac{J\sin i\theta(V_2 + W_3)}{R(1-J^2)^{3/2}}\end{array}\right] = T_i。$$

$$\text{(C-17)}$$

因此，f_0 对 $\hat{\varepsilon}_x^0$ 求偏导可得

$$\frac{\partial B}{\partial \hat{\varepsilon}_x^0} = F\hat{\kappa}\cos\theta + \frac{G(1 + V_2 + W_1)}{R} \tag{C-18}$$

$$\frac{\partial f_0}{\partial \hat{\varepsilon}_x^0} = \sum s_k\left(\frac{\partial B}{\partial \hat{\varepsilon}_x^0}\right) \tag{C-19}$$

其中，s_k 为每一个单位的面积，$\sum s_k$ 为管道截面的面积数值积分，后同。

同理，可得 f_0 分别对 a_i 和 b_i 的偏导数：

$$\frac{\partial B}{\partial a_i} = P_i\hat{\kappa}\cos\theta + \frac{R_i(1 + V_2 + W_1)}{R} + \frac{\hat{\sigma}_\theta\cos i\theta}{R} \tag{C-20}$$

$$\frac{\partial f_0}{\partial a_i} = \begin{cases}\sum s_k\left(\dfrac{\partial B}{\partial a_i}\right) + \hat{p}R\pi & (i = 0)\\[4mm] \sum s_k\left(\dfrac{\partial B}{\partial a_i}\right) & (i \neq 0)\end{cases} \tag{C-21}$$

$$\frac{\partial B}{\partial b_i} = Q_i\hat{\kappa}\cos\theta + \frac{T_i(1 + V_2 + W_1) + \hat{\sigma}_\theta i\cos i\theta}{R} \tag{C-22}$$

$$\frac{\partial f_0}{\partial b_i} = \sum s_k\left(\frac{\partial B}{\partial b_i}\right) \tag{C-23}$$

用同样的方法针对 $f_n(1 \leqslant n \leqslant N)$ 计算，对 D、E 求偏导：

$$\frac{\partial D}{\partial \hat{\varepsilon}_x^0} = G\left\{-\frac{V_1 + W_2}{R} + \frac{z}{R^2}\left(\frac{(V_2 + W_3)(V_1 + W_2)}{[1 - (V_1 + W_2)^2]^{3/2}}\right)\right\} \tag{C-24}$$

$$\frac{\partial E}{\partial \hat{\varepsilon}_x^0} = -G\left(\frac{z}{R^2} \cdot \frac{1}{\sqrt{1 - (V_1 + W_2)^2}}\right) \tag{C-25}$$

$$\frac{\partial D}{\partial a_i} = R_i\left\{\begin{array}{l}-\dfrac{V_1 + W_2}{R}\\[3mm] + \dfrac{z}{R^2}\left(\dfrac{(V_2 + W_3)(V_1 + W_2)}{[1 - (V_1 + W_2)^2]^{3/2}}\right)\end{array}\right\} + \hat{\sigma}_\theta\left\{\begin{array}{l}-\dfrac{i\sin i\theta}{R}\\[3mm] + \dfrac{z}{R^2}\left[\begin{array}{l}\dfrac{i^2\cos i\theta(V_1 + W_2) + i\sin i\theta(V_2 + W_3)}{U^3}\\[3mm] - \dfrac{-3i\sin i\theta(V_1 + W_2)^2(V_2 + W_3)}{U^5}\end{array}\right]\end{array}\right\}$$

$$\text{(C-26)}$$

$$\frac{\partial E}{\partial a_i} = \frac{-R_i z}{R^2 U} - \hat{\sigma}_\theta \left\{ \frac{zi\sin i\theta (V_1 + W_2)}{R^2 U^3} \right\} \tag{C-27}$$

$$\frac{\partial B}{\partial b_i} = Q_i \hat{\kappa} \cos\theta + \frac{T_i (1 + V_2 + W_1) + \hat{\sigma}_\theta i \cos i\theta}{R} \tag{C-28}$$

$$\frac{\partial D}{\partial b_i} = T_i \left\{ \begin{array}{l} -\dfrac{V_1 + W_2}{R} \\ +\dfrac{z}{R^2}\left(\dfrac{(V_2+W_3)(V_1+W_2)}{[1-(V_1+W_2)^2]^{3/2}}\right) \end{array} \right\} + \hat{\sigma}_\theta \left\{ \begin{array}{l} -\dfrac{\sin i\theta}{R} \\ +\dfrac{z}{R^2}\left[\begin{array}{c} \dfrac{i\cos i\theta(V_1+W_2)+\sin i\theta(V_2+W_3)}{U^3} \\ -\dfrac{3\sin i\theta(V_1+W_2)^2(V_2+W_3)}{U^5} \end{array} \right] \end{array} \right\} \tag{C-29}$$

利用式（C-24）~式（C-29），还有式（C-18）、式（C-20）和式（C-22），可以把 f_n（$1 \leqslant n \leqslant N$）的偏导数完整表示为

$$\frac{\partial f_n}{\partial \hat{\varepsilon}_x^0} = \sum s_k \left(\frac{\partial B}{\partial \hat{\varepsilon}_x^0}\cos m\theta - \frac{\partial D}{\partial \hat{\varepsilon}_x^0}m\sin m\theta - \frac{\partial E}{\partial \hat{\varepsilon}_x^0}m^2\cos m\theta \right) \tag{C-30}$$

$$\frac{\partial f_n}{\partial a_i} = \left\{ \begin{array}{ll} \sum s_k\left(\dfrac{\partial B}{\partial a_i}\cos m\theta - \dfrac{\partial D}{\partial a_i}m\sin m\theta - \dfrac{\partial E}{\partial a_i}m^2\cos m\theta\right) & (n \neq i) \\ \sum s_k\left(\dfrac{\partial B}{\partial a_i}\cos m\theta - \dfrac{\partial D}{\partial a_i}m\sin m\theta - \dfrac{\partial E}{\partial a_i}m^2\cos m\theta\right) + \dfrac{1}{2}\hat{p}R\pi & (n = i) \end{array} \right. \tag{C-31}$$

$$\frac{\partial f_n}{\partial b_i} = \left\{ \begin{array}{ll} \sum s_k\left(\dfrac{\partial B}{\partial b_i}\cos m\theta - \dfrac{\partial D}{\partial b_i}m\sin m\theta - \dfrac{\partial E}{\partial b_i}m^2\cos m\theta\right) & (n \neq i) \\ \sum s_k\left(\dfrac{\partial B}{\partial b_i}\cos m\theta - \dfrac{\partial D}{\partial b_i}m\sin m\theta - \dfrac{\partial E}{\partial b_i}m^2\cos m\theta\right) + \dfrac{1}{2}n\hat{p}R\pi & (n = i) \end{array} \right. \tag{C-32}$$

用同样的方法计算 f_n（$N+1 \leqslant n \leqslant 2N$），对 A、C 求偏导：

$$\frac{\partial A}{\partial \hat{\varepsilon}_x^0} = -F\hat{\kappa}\sin\theta + G\left[(V_1+W_2)/R + \frac{z(V_2+W_3)(V_1+W_2)}{R^2 U^3}\right] \tag{C-33}$$

$$\frac{\partial C}{\partial \hat{\varepsilon}_x^0} = G\left(\frac{1+V_2+W_1}{R} + \frac{z}{R^2 U}\right) \tag{C-34}$$

$$\frac{\partial A}{\partial a_i} = -P_i\hat{\kappa}\sin\theta + R_i\left[(V_1+W_2)/R + \frac{z(V_2+W_3)(V_1+W_2)}{R^2 U^3}\right]$$
$$+ \hat{\sigma}_\theta\left[i\sin i\theta/R + \frac{z}{R^2}\left(\begin{array}{c} \dfrac{i^2\cos i\theta(V_1+W_2)+i\sin i\theta(V_2+W_3)}{U^3} \\ +\dfrac{3i\sin i\theta(V_1+W_2)^2(V_2+W_3)}{U^5} \end{array} \right)\right] \tag{C-35}$$

$$\frac{\partial A}{\partial b_i} = -Q_i \hat{\kappa} \sin\theta + T_i \left[(V_1 + W_2)/R + \frac{z(V_2 + W_3)(V_1 + W_2)}{R^2 U^3} \right]$$

$$+ \hat{\sigma}_\theta \left[\sin i\theta / R + \frac{z}{R^2} \left(\frac{\dfrac{i\cos i\theta (V_1 + W_2) + \sin i\theta (V_2 + W_3)}{U^3}}{+ \dfrac{3\sin i\theta (V_1 + W_2)^2 (V_2 + W_3)}{U^5}} \right) \right] \qquad (C-36)$$

$$\frac{\partial C}{\partial b_i} = T_i \left(\frac{1 + V_2 + W_1}{R} + \frac{z}{R^2 U} \right) + \hat{\sigma}_\theta \left[\frac{i\cos i\theta}{R} + \frac{z\sin i\theta (V_1 + W_2)}{R^2 U^3} \right] \qquad (C-37)$$

利用式(C-33)～式(C-37)，可以把 $f_n (N+1 \leqslant n \leqslant 2N)$ 的偏导数完整表示为

$$\frac{\partial f_n}{\partial \hat{\varepsilon}_x^0} = \sum s_k \left[\frac{\partial A}{\partial \hat{\varepsilon}_x^0} \sin(n-N)\theta + \frac{\partial C}{\partial \hat{\varepsilon}_x^0} (n-N) \cos m\theta \right] \qquad (C-38)$$

$$\frac{\partial f_n}{\partial a_i} = \begin{cases} \sum s_k \left[\dfrac{\partial A}{\partial a_i} \sin(n-N)\theta + \dfrac{\partial C}{\partial a_i} (n-N)\cos(n-N)\theta \right] & (n-N \neq i) \\[2mm] \sum s_k \left[\dfrac{\partial A}{\partial a_i} \sin(n-N)\theta + \dfrac{\partial C}{\partial a_i} (n-N)\cos(n-N)\theta \right] + \dfrac{1}{2}(n-N)\hat{p}R\pi & (n-N = i) \end{cases}$$
$$(C-39)$$

$$\frac{\partial f_n}{\partial b_i} = \begin{cases} \sum s_k \left[\dfrac{\partial A}{\partial b_i} \sin(n-N)\theta + \dfrac{\partial C}{\partial b_i} (n-N)\cos(n-N)\theta \right] & (n-N \neq i) \\[2mm] \sum s_k \left[\dfrac{\partial A}{\partial b_i} \sin(n-N)\theta + \dfrac{\partial C}{\partial b_i} (n-N)\cos(n-N)\theta \right] + \dfrac{1}{2}\hat{p}R\pi & (n-N = i) \end{cases}$$
$$(C-40)$$

用同样的方法计算 f_{2N+1}：

$$\frac{\partial f_{2N+1}}{\partial \hat{\varepsilon}_x^0} = \sum s_k F \qquad (C-41)$$

$$\frac{\partial f_{2N+1}}{\partial a_i} = \sum s_k P_i \qquad (C-42)$$

$$\frac{\partial f_{2N+1}}{\partial b_i} = \sum s_k Q_i \qquad (C-43)$$

到目前为止，我们已经把 $2N+1$ 个方程分别对 $2N+1$ 个未知量的偏导数全部解出，把求得的偏导数按顺序放入矩阵之内，便可以对非线性方程组进行 Newton 法求解。

对于在轴向拉力和刚面接触弯曲组合作用下情况，需要在虚功方程中引入拉格朗日乘子 λ，对于每个曲率 κ 和轴向拉力 T 的加载计算子步，都可以得到关于 $\{\dot{a}_0, \dot{a}_1, \cdots, \dot{a}_N, \dot{b}_1, \dot{b}_2, \dot{b}_3 \cdots \dot{b}_N, \dot{\varepsilon}_x^0, \lambda\}$ 的 $2N+3$ 个非线性方程，采用以上所述的处理方法即可利用 Newton-Raphson 法对位移进行迭代求解。

（6）收敛测试。检验位移值是否收敛，具体做法是检查位移的两次迭代之间的变化值有多大，如果变化值小于一个设定好的微小值，则认为这个荷载子步的迭代计算已经收敛到位。

若不收敛,则利用上一次迭代计算出的位移值作为估计值,重返第 2 步计算,直到收敛为止。

(7) 对下一个荷载子步 $\dot{\kappa}$、$\dot{T}$ 或 $\dot{P}$ 进行计算,进入下一个循环。

C.3　计算结果

程序的计算结果采用文本输出形式,具体包括该荷载子步管道的曲率、轴向拉力、静水压力、弯矩、截面的椭圆率、管道屈曲模态及最大有效应力等。可以根据需要,将这些数据在每个计算子步都输出一次。

参 考 文 献

[1] 袁林. 深海油气管道铺设的非线性屈曲理论分析与数值模拟[D]. 杭州:浙江大学,2009.

[2] Yuan L, Gong S F, Jin W L, et al. Analysis on buckling performance of submarine pipelines during deepwater pipe-laying operation [J]. China Ocean Engineering, 2009,23(2):303-316.

[3] Kyriakides S, Corona E. Mechanics of Offshore Pipelines:Volume 1 Buckling and Collapse [M]. Amsterdam:Elsevier, Oxford, UK and Burlington, Massachusetts, 2007.